无线网络中的
主流技术及应用探究

刘友缘　马新强　黄羿　著

中国水利水电出版社
www.waterpub.com.cn

·北京·

内 容 提 要

本书对无线网络中的主流技术及应用进行了研究,主要内容包括:无线局域网、无线个域网技术及无线城域网分析,无线 Ad Hoc 网络与无线 Mesh 网络技术分析,卫星网络与无线电技术分析,无线传感器网络技术及应用研究,无线射频识别(RFID)技术及应用研究,物联网技术及应用研究等。本书结构合理,条理清晰,内容丰富新颖,是一本值得学习研究的著作。

图书在版编目(CIP)数据

无线网络中的主流技术及应用探究/刘友缘,马新强,黄羿著. —北京:中国水利水电出版社,2017.3(2022.9重印)

ISBN 978-7-5170-4999-9

Ⅰ.①无… Ⅱ.①刘… ②马… ③黄… Ⅲ.①无线网—研究 Ⅳ.①TN92

中国版本图书馆 CIP 数据核字(2016)第 316914 号

责任编辑:杨庆川 陈 洁 封面设计:崔 蕾

书　　名	无线网络中的主流技术及应用探究 WUXIAN WANGLUO ZHONG DE ZHULIU JISHU JI YINGYONG TANJIU
作　　者	刘友缘 马新强 黄羿 著
出版发行	中国水利水电出版社 (北京市海淀区玉渊潭南路 1 号 D 座 100038) 网址:www. waterpub. com. cn E-mail:mchannel@263. net(万水) 　　　　sales@ mwr.gov.cn 电话:(010)68545888(营销中心)、82562819(万水)
经　　售	全国各地新华书店和相关出版物销售网点
排　　版	北京鑫海胜蓝数码科技有限公司
印　　刷	天津光之彩印刷有限公司
规　　格	170mm×240mm 16 开本 17.75 印张 230 千字
版　　次	2017年4月第1版 2022年9月第2次印刷
印　　数	2001-3001册
定　　价	54.00 元

前　言

21 世纪,人们希望摆脱有线网络的束缚,网络技术逐渐呈现出两大发展趋势,即高速和无线。无线网络成为技术发展和社会应用的新宠,受到越来越多人的青睐。无线网络填补了融合网络与移动用户之间的"最后一英里"的间隔。

在过去的数十年,无线网络技术经历了巨大的技术变革和演变,对人类生产力产生了前所未有的推动作用。无线网络技术是通信技术中发展最快,也是最具应用前景的一个重要分支,已经渗透到工农业生产和人们生活的各个方面。

本书从系统性、权威性和新颖性原则出发,按由浅入深、循序渐进的原则撰写,力求做到理论严谨、内容丰富、重点突出、层次清晰。全书共 7 章,主要内容包括无线局域网、无线个域网技术及无线城域网分析,无线 Ad Hoc 网络与无线 Mesh 网络技术分析,卫星网络与无线电技术分析,无线传感器网络技术及应用研究,无线射频识别(RFID)技术及应用研究,物联网技术及应用研究等。

本书在撰写过程中,参考了大量有价值的文献与资料,吸取了许多人的宝贵经验,在此向这些文献的作者表示敬意。此外,本书的撰写还得到了中国水利水电出版社领导和编辑的鼎力支持和帮助,同时也得到了学校领导的支持和鼓励,在此一并表示感谢。

由于无线网络技术是一门迅速发展的学科,新知识、新方法、新技术不断涌现,加之作者自身水平有限,书中难免有错误和疏漏之处,敬请广大读者和专家给予批评指正。

作　者

2016 年 7 月

目　　录

第1章 引 言

1.1 无线网络的发展史

相比其他产业,计算机产业非常年轻,从 1946 年第一台计算机诞生至今,也仅仅只有 70 余年的历史,然而,计算机技术却在很短的时间内有了惊人的进展,其应用已经渗透到人们工作、学习和生活的各个领域,成为信息时代人类社会发展不可或缺的一部分。

伴随计算机产业的发展,计算机网络也慢慢登上了历史舞台,并成为信息社会的命脉和发展经济的重要基础。计算机网络最通俗的说法就是计算机的集合,它是计算机技术和通信技术日益紧密结合的产物。

一般认为,计算机网络的发展大致经历了 4 个阶段。

1.诞生阶段

早期的计算机系统是高度集中的,后来出现了批处理和分时系统,分时系统所连接的多个终端必须紧接着主计算机。典型应用是由一台计算机和 2000 多个终端组成的飞机订票系统,其示意图如图 1-1 所示。

2.形成阶段

第二代计算机网络(图 1-2)是以多个主机通过通信线路互联起来的,为用户提供服务,典型代表是美国国防部高级研究计划局协助开发的 ARPANET。

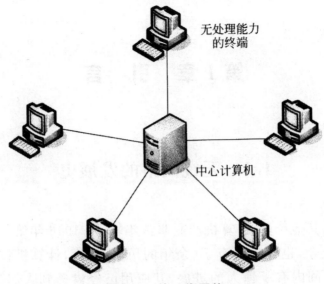

图 1-1　第一代网络

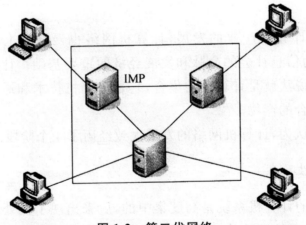

图 1-2　第二代网络

第二代网络以通信子网为中心,而且采用了具有划时代意义的分组交换技术,这也是支持现代计算机网络的最核心的灵魂技术。

3.互联互通阶段

第三代计算机网络(图 1-3)是具有统一的网络体系结构并遵循国际标准的开放式和标准化的网络。

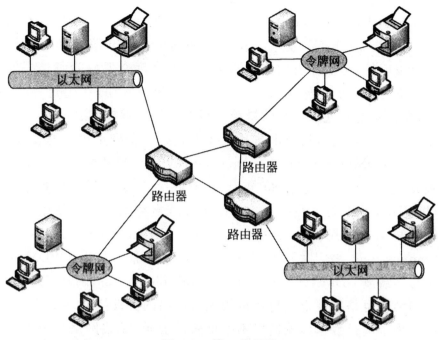

图 1-3　第三代网络

4.高速网络技术阶段

第四代计算机网络,局域网技术已经发展成熟,发展为以
Internet 为代表的互联网。

1.2　无线网络技术的多样性

目前,无线网络传输的数据速率已超过 4 个数量级,从
20kbps 的 ZigBee 到超过 500Mbps 的无线超宽带(Ultra Wide
Band,UWB),其传输距离则超过 6 个数量级,从 5cm 的近场通信
(Near Field Communication,NFC)到超过 50km 的 WiMAX 及
Wi-Fi。

为了拓展无线网络的能力,为无线网络发展做出贡献的许多

企业、研究院所和工程师个人充分利用了包括跳频扩频和低密度奇偶校验码(Low Density Parity Check Codes,LDPC)等引人注目的技术。跳频扩频技术是在二战期间由一位女演员和一名作曲家发明的,是蓝牙射频传输的基础。低密度奇偶校验码是高效率数据传输方面的重大突破,它于 1963 年被发明,在尘封 40 年后,被证明是实现吉比特数量级无线网络的关键技术之一。

很多早就提出的技术与其他技术相结合得到了更好的发挥。例如,OFDM(Orthogonal Frequency Division Multiplexing,正交频分复用)在 20 世纪 80 年代用于数字广播,现在的超宽带(UWB)无线电技术在超过 7GHz 的无线电频谱上就是使用多带OFDM 技术,其发射功率小于 FCC(Federal Communication Commissions,美国联邦通信委员会)噪声限制。同时 OFDM 技术与多载波 CDMA(Code Division Multiple Access,码分多址)技术的结合也是实现吉比特数量级无线网络的关键技术。

为了满足数据传输速率不断增长的要求,无线网络不得不摒弃那些相对简单的技术,而去寻求更能缩短每个比特的传输时间、同时使用载波的幅度和相位来传输数据、利用更宽无线电带宽(如 UWB)、多次使用同一空间的多个路径进行同时传输的空间分集等新技术。

1.3　无线网络技术面临的挑战

无线设备在 Wi-Fi 技术领域的不断进步和广泛传播改变了我们对无线网络的期望。各个领域的消费者和专业人员,都越来越多地依赖无线网络来实现工作和与其他人的交流,并且人们都需要更高的性能和可靠性。要满足上述这些期望是具有挑战性的,具体表现在以下几个方面。

1.不断生产的无线设备对网络环境造成的影响

Wi-Fi 设备的大量生产以及非 Wi-Fi 设备在射频频谱中占据

着相同的份额,这对网络造成了一定的干扰。我们不会再谈论便携式计算机和智能手机。你何曾想过一个无线视频摄像机会干扰网络性能? 抑或是 Xbox、微波炉等。检测和降低射频频谱影响的方法将会在维持 802.11n 网络的高性能上有重要作用。此外,多媒体和无线实时视频传输将需要巨大的带宽和智能机制来充分压缩视频/多媒体。但是信号又要在接收端快速地解码。这些要在未来 5～7 年内完全解决。

2.Wi-Fi 服务方式的转型

在不断增加的机构和组织中,Wi-Fi 的部署已经从提供"尽力而为服务"的方法向成为以任务为关键的方向转型。然而 Wi-Fi 之前是一种新型或者是便捷的奢侈享受,在技术方面的提升使得很多组织机构在"以任务为关键"的数据和应用中采用 Wi-Fi。这意味着在这项网络中的性能、可靠性和安全性会比以往更加重要。

3.无线网络专业知识的缺乏

很多机构组织都缺乏专业知识、资源或者工具来应付上述两种趋势。正如同决定射频干扰的源、分布和影响是十分困难的,适应一个无线网络的"健康"与否会对整个组织机构产生影响的世界也是十分困难的。正因为这些趋势是新产生的,所以在这些组织机构中并没有建立相应的专业技术支持和内部解决机制。

4.无线设备的能源优化

目前,iPhone 在连续使用下,电池也只能使用 5～6h。试想一下,如果我们有一个装置,它会自动从环境中获取能源,这并不仅限于太阳能或热能,还可以有一些其他机制,像从声学中提取能量(可能不会有前途)和敲击按键的能量(有很好的节能潜力)。所以,获取能源和使设备自由地获取能源仍然是一个非常长期的挑战。

5.异构无线网络间的无缝通信

目前我们仍然不能做到在不同的网络下进行无缝连接。我们需要一个单一的机制可用于不同网络之间进行切换（Wi-Fi、WiMAX 或任何其他的 3G/4G 网络），这将有可能与上述的多媒体和无线实时视频传输进行连接。

6.将无线电认知整合到无线网

目前在这个领域已经有很多专家做了很多的工作，尤其是 Linda Doyle 教授（CTVR，柏林）、Petri Manohen 教授（RWTH Aachen）和 CWC 等。但我相信，认知无线电是一片汪洋大海，我们仍然在频谱感知/频谱管理的阶段。如今有几个挑战，如对环境的自动理解能够将整个带宽用于用户设置（即使是很短的时间），节点的自配置形成网络（更像是 Ad Hoc，但正如我们所知道的，Ad Hoc 仍旧在研究出版物中居多而在现实世界开发应用的少）。

第2章 无线局域网、无线个域网 技术及无线城域网分析

2.1 无线局域网技术分析

无线局域网(WLAN)是使用无线信道作为传输媒介的计算机局域网,是有线联网方式的重要补充和延伸,并逐渐成为计算机网络中一个至关重要的组成部分。

2.1.1 无线局域网的基本结构

无线局域网的基本结构如图 2-1 所示,由工作站(STA)、网

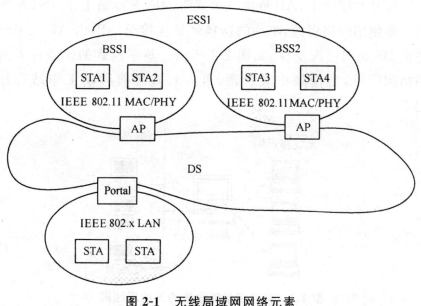

图 2-1 无线局域网网络元素

络访问接入点(AP)、基本服务集(BSS)、分布式系统(DS)、扩展服务集(ESS)、入口(Portal)等几部分组成。

无线局域网能够实现无线通信的范围有限,无线客户端与其他无线客户端及有线网络主机之间的通信需要 AP 转发,才能发送到目的端。BSS 可以是孤立的,也可以通过分布式系统接入其他基本服务集,通过分布式系统互联起来的 WLAN 称为扩展服务集(Extended Service Set,ESS),扩展服务集在逻辑上相当于一个基本服务集。

2.1.2 无线局域网的网络结构

就网络构建方式而言,无线局域网包括两种工作模式,即基本模式(Infrastructure Mode)和自组织模式(Ad Hoc Mode)。两种模式的关键区别就是看网络是否包含 AP 组件,有则是基本模式,反之则是 Ad Hoc 模式。

1.基本模式

在基本模式下,AP 负责该模式下的所有传输工作。STA 如果需要使用网络资源,唯一的途径就是连接至 AP,由 AP 为 BSS 提供 DS 访问接入支撑,如图 2-2 所示。基本模式的优势在于网络结构简单,方便集中式管理,可以有效地将移动工作站管理起来。

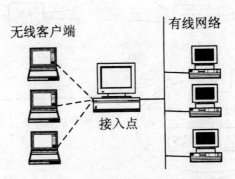

图 2-2 有固定基础设施的无线局域网

2. 自组织模式

无中心网络又称为自组织网络,这里 STA 既是终端,又肩负路由器功能,通过多跳通信实现端到端的连接。自组织模式中不包括 AP、DS,而是由各无线网络设备自由连接组网,其基本组成单元为独立基本服务集(IBSS),如图 2-3 所示。当基本模式无法建立网络时,该模式可以简单迅速地实现组网。

自组织模式中没有安装 AP 的无线局域网,其最小构件被称为独立基本服务集(Independent Basic Service Set,IBSS)。主要用于无线客户端之间的通信,一般不与外界的其他网络互联。自组织网络最多容许 9 个无线客户端。

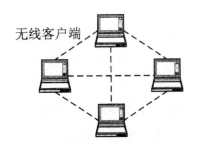

图 2-3　无固定基础设施的无线局域网

2.1.3　无线局域网的服务

在无线局域网中,所有无线设备的一切行为都应遵守 IEEE 802.11 协议的规范,无线设备可以进行的活动其实就是协议提供的服务。IEEE 802.11 定义了 9 种不同的服务。这 9 种不同的服务又分别为分发系统的服务和工作站的服务。

1. 分发系统的服务

分发系统的服务由分发系统提供,分发系统的服务能够使 IEEE 802.11 的数据包在同一个 ESS 中的不同 BSS 之间进行传送,无论移动终端移动到 ESS 中的哪个地方都能收到属于它的数据,这类服务大部分是由 AP 呼叫所引起的。AP 是唯一同时提供移动终端服务和分发系统的无线网络组件,也是移动终端与分发系统间的桥梁。分发系统提供以下 5 种服务。

(1)关联联系

关联服务的主要作用是在移动终端和 AP 之间建立一个通信连接。当分发系统要将数据送给移动终端时,必须要事先知道这个移动终端目前是通过哪个 AP 来接入到分发系统的,这些信息就应该由关联服务来提供。

一个移动终端在被允许可以通过某个 AP 来为分发系统发送数据之前,它必须要事先与这个接入点建立连接,通常在一个基本服务集内都要有一个 AP,因此,任何在这个基本服务集内的移动终端如果要想与基本服务集外部进行通信的话,它必须先与此 AP 相连接。整个关联的过程非常类似于注册操作,因为当移动终端做完连接动作之后,AP 就会记住此移动终端目前是否在其管辖的范围之内。

在任何时刻,任意一个移动终端都只能与一个 AP 建立这种关联服务,这样才能使分发系统在任意时刻都能够知道到底有哪些移动终端是由哪个 AP 所负责的。然而,一个 AP 却可以同时和多个移动终端连接。关联服务都是由移动终端所启动,通常移动终端会启动关联服务来要求与 AP 连接。

(2)重新关联服务

重新关联服务的主要目的是将一个处于移动过程中的移动终端设备建立与 AP 之间的连接。当移动终端从一个基本服务集转移到另外一个服务集的时候,它就会启动重新关联服务。

重新关联服务会将移动终端和它所接入的基本服务集内的 AP 建立关联,通过重新关联服务将使分发系统能知道此移动终端在某一个时刻到底与哪个 AP 建立着关联服务。重新关联服务的操作也是由移动终端来启动的。

(3)解除关联服务

解除关联服务操作的主要目的是要取消一个连接或者一个

关联。当某一个移动终端传送完数据，就可以通过启动解除关联服务来终止与 AP 之间的关联服务。

此外，当一个移动终端从一个基本服务集移动到另一个基本服务集时，它除了会与新的 AP 建立重新关联服务之外，它也必须要与原有的 AP 之间启动解除关联服务。

解除关联服务可由移动终端来启动也可以通过 AP 来启动，不论是哪一方来启动这个服务，另一方都必须要无条件接收请求。除了移动情况需要建立这种解除关联操作以外，AP 也可能会因为网络负荷过重而启动对移动终端的解除关联服务。

（4）分发服务

分发服务主要是在基础结构模式无线局域网中的移动终端设备所使用的。当移动终端要传送数据的时候，数据首先要被传送到 AP，然后再由 AP 利用分发系统将其传送至目的地。

IEEE 802.11 并没有规定分发系统应该如何将数据正确地送达到目的地，但该标准说明了在关联、解除关联及重新关联等服务中该数据应该发送到哪个 AP 进行输出，以便能够将数据发送到正确的目的地址。

（5）集成服务

集成服务的主要目的就是要让数据能够在分发系统和传统有线局域网络之间进行传送。若分发服务知道该数据的目的地位置是现存的 IEEE 802.x 有线局域网的话，则该数据在分发系统中的输出点将是中继器而不是 AP。分发服务若发现该数据要被送到端口连接器，则将会使分发系统在数据送达端口连接器后，马上启动系统集成服务，而集成服务的主要任务就是要将发送数据从分发系统转送到与无线局域网建立连接的局域网络。

2. 工作站的服务

如果想让数据能够在移动终端之间进行正确的发送与接收，同时又要保证传输数据安全性的话，那么在无线站点处还必须要包括以下 4 种服务。

（1）认证服务

认证服务主要用来确认每个移动终端的身份，IEEE 802.11标准在通常情况下都要求进行双向的身份确认，在某一时刻，一个移动终端能够同时与多个移动终端或者与 AP 之间进行身份确认动作。

（2）解除认证服务

已完成身份认证的工作站可用通过解除认证服务来取消对无线站点的身份认证工作，一旦解除身份认证之后就可以同时取消服务。

（3）保密服务

无线局域网所传输的数据是在开放空间的介质中进行的，因此，只要配备了 IEEE 802.11 无线适配卡的移动终端设备都可以接收到别人在无线局域网中所传送的数据。所以如果数据的保密性做得不好，那么信息就很容易被别人窃取。保密服务的主要功能就是要提供一套加密算法来将数据进行加解密操作。

（4）数据传输服务

数据传输服务是为移动终端所提供的最基本功能服务，该功能能够将数据由发送方正确地传送给接收方。

以上这 9 种服务中，关联、重新关联、解除关联、分发、集成和数据传输等 6 种服务是用于处理工作站之间数据传递的；另外 3 种服务，认证、解除认证和保密是用来处理信息安全的。每种不同的服务是由一种或者几种 MAC 类型帧来支持的，所有传递的消息都是要通过 MAC 子层的介质访问方式来实现对无线传输介质的访问。

2.1.4 无线局域网的相关标准

1. IEEE 802.11

作为局域网领域的全球公认机构，IEEE 802 委员会在过去的 20 多年中对局域网制定了许多标准。IEEE 802.11 委员会于 1990 年开始着手制定 WLAN 标准,经过 7 年的努力,于 1997 年 6 月推出了全球第 1 部公认的 WLAN 标准,也就是我们正在讨论的 IEEE 802.11。1999 年 9 月,为了实现高速数据传输速率,他们又在原有 IEEE 802.11 标准基础上对 WLAN 标准进行了补充,在这份补充的 IEEE 802.11 标准中,提出了两个更高速率的 IEEE 802.11 WLAN,它们的传输速率分别为 5.5Mbps 和 11Mbps。

在 IEEE 802.11 协议最初的项目认证需求书中曾写到:WLAN 标准的应用环境是为某一区域内的固定工作站、便携工作站和移动工作站之间的无线连接提供一种规范。同时项目认证需求书也提到该标准的目的是为某一区域内的自动化机器和设备,或者那些需要快速配置的便携式、手持式或装载到移动车辆上的站点之间提供无线连接。

WLAN 的 IEEE 802.11 标准主要是用来描述基于 AP 架构的基础结构 WLAN 与不基于 AP 架构的 Ad Hoc 网络,并着重对这两种网络的物理层(PHY)和媒体访问控制层(MAC)进行规范。IEEE 802.11b 标准扩展标准提高了直接序列扩频(DSSS)在 2.4GHz 频段的数据传输速率,它分别支持 1Mbps、2Mbps、5.5Mbps 和 11Mbps 四种数据传输速率。其中 5.5Mbps 和 11Mbps 的数据传输速率是通过补码键控(CCK)技术来实现的。在 IEEE 802.11b 标准基础之上扩展的 IEEE 802.11a 标准为了实现高速数据传输而采用了正交频分复用(OFDM)调制的物理层标准,该标准在 5GHz 频段的范围内可以达到 6～54Mbps 的数据传输速率。在 IEEE 802.11 标准中,所有的物理层都对应一个相同的媒体访问控制层,并都采用载波侦听多路访问/冲突避免(CSMA/CA)技术。

与其他 IEEE 802 系列协议一样,IEEE 802.11 主要服务于对等逻辑链路控制子层之间介质协议数据单元(MSDU)的传送。其中无线网卡和接入点都是 WLAN 中非常有代表性的设备,它们能够实现 IEEE 802.11 标准中所定义的诸多功能。IEEE

802.11 标准中的 MAC 和 PHY 都用来提供无线连接功能,从而实现在某一区域内固定站点、便携站点和以步行或车辆速度移动的移动站点之间的无线连接。

2. IEEE 802.11b

为了支持更高的数据传输速率,1999 年 9 月,IEEE 小组又相继批准了 IEEE 802.11b 和 IEEE 802.11a 标准。

IEEE 802.11b 标准是 IEEE 802.11 标准的高速扩展,依然工作于 2.4GHz 频段。IEEE 802.11b 的重要改变在于它在 IEEE 802.11 协议的物理层中增加了两个新的速率:5.5Mbps 和 11Mbps。要实现这一点,就需要选择 DSSS 作为该标准的唯一物理层技术。

由于 IEEE 802.11b 无线产品具有高带宽、覆盖范围广、成本低的特点,使得 IEEE 802.11b 在与蓝牙、HomeRF 的竞争中逐渐脱颖而出。IEEE 802.11b 标准的问世从根本上改变了 WLAN 的设计和应用现状,扩大了 WLAN 的应用领域。

IEEE 802.11b+是 IEEE 802.11b 的增强标准,由 TI(美国德州仪器)公司提出。IEEE 802.11b+采用 PBCC(Packet Binary Convolutional Coding,包二进制卷积码)调制方式(也称为 CCK-PBCC),也可选用 CCK-OFDM 调制方式。采用 PBCC 调制方式的 IEEE 802.11b+保持了对 IEEE 802.11b 的兼容,并将传输速率提高到 22Mbps,增加了 3dB 编码增益,其覆盖范围在理论上可扩大 70%。

D-Link、TP-Link 等公司都曾推出过基于 IEEE 802.11b+的产品,基于 IEEE 802.11b+的无线产品曾一度占据了欧美和国内市场的 50% 以上份额。随着 IEEE 802.11g 标准的主流化,IEEE 802.11b+产品逐渐退出家庭/办公室应用,但仍在无线网桥的远距离传输应用中占据一席之地。

3. IEEE 802.11a

IEEE 802.11a 标准是在 1999 年开始制定的,该标准主要用来解决对更高数据传输率的需求问题。IEEE 802.11a 标准是一项无线城域网技术,用于将 IEEE 802.11 的接入点连接到互联网,这种技术可以作为传统线缆或 ADSL 的无线扩展技术,从而实现最后一公里的宽带接入问题。该标准的实现是通过使用 5GHz 的高频频段和 OFDM 的无线电传输技术来达到高速要求的。

IEEE 802.11a 标准的数据传输速率可以和高速以太网的相比拟,能够达到 54Mbps,而 IEEE 802.11b 只能达到 11Mbps。因为该协议定义了在微波频段中比较高的频段上进行工作,宽带对于频段的消耗也降低了,IEEE 802.11a 协议试图通过使用更有效的数据编码方案和增强措施将信号发送到一个更高频段上,通过这个方法来解决数据传输距离问题。

4. IEEE 802.11g

为了解决 IEEE 802.11a 与 IEEE 802.11b 互不兼容的问题,进一步推动 WLAN 的发展,IEEE 802.11 工作组于 2003 年 7 月正式批准了 IEEE 802.11g 标准。IEEE 802.11g 与 IEEE 802.11a 一样拥有 54Mbps 的物理层传输速率,但却工作在与 IEEE 802.11b 相同的 2.4GHz 频段,较好地解决了升级后的兼容性问题。如果用户需要将 WLAN 升级到 IEEE 802.11g,只需购买相应的无线 AP,原有的 IEEE 802.11b 无线网卡仍可继续使用,这显然在经济性和灵活性上要大大强于 IEEE 802.11a。另外,IEEE 802.11g 也继承了 IEEE 802.11b 覆盖范围广的优点,并且其整体实现成本要比 IEEE 802.11a 低。

5. IEEE 802.11n

和以往的 IEEE 802.11 标准不同,IEEE 802.11n 协议为双频工作模式,包含 2.4GHz 和 5GHz 两个工作频段。这样保障了与以往的 IEEE 802.11a/b/g 标准兼容。

IEEE 802.11n 的理论上最大速率可达 600Mbps,当前市场上常见的是支持 300Mbps 的 IEEE 802.11n 的产品。IEEE 802.11n 标准的核心是 MIMO(Multiple Input Multiple Output,多输入多输出)和 OFDM 技术,使传输速率成倍提高。另外,IEEE 802.11n 的天线技术及传输技术,使得无线局域网的传输距离大大增加,可以达到几千米,并且能够保障至少 100Mbps 的传输速率。

IEEE 802.11n 标准全面改进了 IEEE 802.11 标准,不仅涉及物理层标准,同时也采用新的高性能无线传输技术提升 MAC 层的性能,优化数据帧结构,提高网络的吞吐量。

6. IEEE 802.11c

IEEE 802.11c 关注的是桥操作。一个桥是连接两个具有类似的或相同 MAC 协议的局域网的设备。它完成类似于 IP 层(而不是 MAC 层)的路由器的功能。一个桥就是一个简化器,且比一个 IP 路由器更为有效。

7. IEEE 802.11d

IEEE 802.11d 是 802.11b 使用其他频率的版本,以适应一些不能使用 2.4GHz 频段的国家。这些国家中的多数正在清理这个频段。

支持 IEEE 802.11d 的无线客户机将会以被动方式收听来自 AP 的信标,即扫描 802.11 规范定义的所有信道(IEEE 802.11d 之前的客户机会通过发送 ping 信号进行主动广播)。

如果 IEEE 802.11d 客户机漫游到了使用具有 IEEE 802.11d 功能的 AP 的国家,客户机收到 AP 的信标后可以下载该国的相应频率和功率要求。

如果 IEEE 802.11d 客户机遇到 IEEE 802.11d 之前的 AP,客户机仍能进行联系。然而,如果不符合该地方的地区设置,IEEE 802.11d 之前的客户机无法连接到 IEEE 802.11d AP。这项规范已确定完毕,但尚未广泛使用。

8. IEEE 802.11e

IEEE 802.11e 在 IEEE 802.11 系列协议中增加 QoS 能力，这项标准的目的就是提供相当于快速以太网有线网的 QoS。它用时分多址（TDMA）方式取代类似 Ethernet 的 MAC 层，改变 MAC 优先考虑共享网络上延迟敏感的数据如话音和音频的机制，为重要的数据增加额外的纠错功能。

IEEE 802.11e 支持 802.11d 优先权标记、支持 RSVP 以及与现有 WLAN 的后向兼容性。该标准还允许流量在客户机之间直接传输而不是使用 AP 中心，优化了带宽。

工作组还计划让 802.11e 通过 802.11a 支持 IEEE 1394（Firewire）。这将使 Firewire 外设，如数码相机、扫描仪和 CD 刻录机通过 802.11a 高速传输文件。

9. IEEE 802.11f

IEEE 802.11f 致力于解决在来自多个厂商的 AP 之间的互操作能力问题。除了在它所在区域的 WLAN 移动站点之间提供通信之外，一个 AP 可以起到作为连接两个 802.11 局域网的桥的功能，其间跨越了一个另一种类型的网络，诸如一个有线的局域网（如以太网）或一个广域网。当一个设备从一个 AP 漫游到另一个 AP 而同时要确保传输的连续性时，该标准对这种应用需求提供了便利。

10. IEEE 802.11h

IEEE 802.11h 标准在 IEEE 802.11 MAC 层增加了两个频谱管理服务：传输功率控制（TPC）和动态频谱选择（DFS）。TPC 限制传输功率的最低水平以保证最远站点有足够的信号强度，DFS 使得站点在检测到非链接的站点，或系统在相同的信道上传输时，可以切换到新信道。其目标是让 802.11a 产品与欧洲制定的管理规范要求能够兼容。

在欧盟（EU），5GHz 频带的一部分是用于军事上的卫星通信。该标准包括了一个动态信道选择机制以确保频带中受限制的部分不被选取。该标准还包括发送功率控制特性用以调整功率，满足欧盟的规范要求。

11. IEEE 802.11i

无论用的是 IEEE 802.11b、a 还是 g，大多数企业用户仍因为 WEP 的安全漏洞而担心 WLAN。802.11i 就是为解决 WEP 安全缺陷而制定的。

重要的是，IEEE 802.11i 最终将集成三重数据加密标准（3DES）的后续标准，即先进加密标准（AES）。但加密无线流量只解决了一半安全问题。另一半是验证，因为倘若不知道另一端是谁，对连接进行加密也就毫无意义。IEEE 802.11i 将利用 IEEE 802.1x 验证协议同时处理安全（AES）和验证，这种协议实际上是基于 LAN 的扩展验证协议（EAPOL）。由于内置于微软 Windows XP，802.1x 得以广泛部署。

802.11i 将分两个阶段推广。第一个阶段涉及实施临时密钥完整性协议（TKIP），TKIP 又名为 WEP2。TKIP 由 Cisco 开发，用于 802.11。TKIP 通过以下方式加强 WEP 的安全。

①检查消息完整性。

②每数据包密钥散列。

③初始化向量排序。

④快速重定密钥。

TKIP 将涉及升级固件至现有的无线设备，但性能会减退 2% 到 20%。

加强安全的措施还支持动态密钥加密（不同于 WEP 当中的静态密钥）、可伸缩密钥管理以及 802.1x/EAP 相互验证。

第二阶段将集成先进加密标准（AES），AES 的性能比 TKIP 有了很大的改进。然而，AES 可能要求改变基础设施，从而需要换下现有的 AP 以及/或者无线卡。

12. IEEE 802.11k

IEEE 802.11k 定义了无线资源测量,增强了其功能,为较高层提供了无线和网络测量的机制。该标准定义了应该获得什么样的信息,以便于一个无线和移动局域网的管理和维护。

13. IEEE 802.11r

IEEE 802.11r 规范中加强了接入点之间转换的速度及安全性,并通过 VoWLAN 改善 WLAN 对移动电话的支持。与新的接入点相链接的关键一步是预分配媒体保留以保证服务的连续性,站点不能跳到新接入点之后却发现无法得到时隙来满足时间要求苛刻的服务。

14. IEEE 802.11m

IEEE 802.11m 是一个纠正标准中编辑的和技术问题的工作组正在进行着的活动。该工作组审阅由其他工作组制定的文档,找出并修正在 802.11 标准和它批准的修正方案中的不一致性和错误。

15. IEEE 802.11s

IEEE 802.11s 工作组 TG 的目标是,将 IEEE 802.11 MAC 扩展成的基本组成来建立无线分布式系统(WDS),WDS 工作在自动的多跳无线拓扑结构中,即 ESS 网格。

ESS 网状网络是接入点的集合,由 WDS 连接,能自动学习变化的拓扑结构,并且当站点和接入点加入、离开或在网状网络内移动时能动态重新配置路由。

从单个站点与 BSS、ESS 的关系来看,ESS 网状网络功能上等同于有线 ESS。最终的 ESS 网状网络标准还将包含基于 IEEE 802.11e QoS 机制的优先级通信处理和 IEEE 802.11i 标准的安全特性及其补充。

2.1.5 IEEE 802.11 协议体系结构

IEEE 802.11 协议主要工作在 ISO 协议的物理层和数据链路层。如图 2-4 所示,其中数据链路层又划分为 LLC 和 MAC 两个子层。

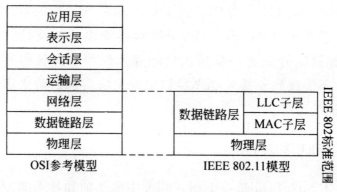

图 2-4　IEEE 802.11 基本结构模型

1. 物理层

物理层(PHY)定义了通信设备与传输接口的机械、电气、功能和过程特性,用以建立、维持和释放物理连接。

IEEE 802.11 最初定义的 3 个物理层包括了 FHSS、DSSS 两个扩频技术和一个红外传输规范,扩频技术保证了 IEEE 802.11 的设备在这个频段上的可用性和可靠的吞吐量,这项技术还可以保证同其他使用同一频段的设备不互相影响。无线传输的频道定义在 2.4GHz 的 ISM 频段内,使用 IEEE 802.11 的客户端设备不需要任何无线许可。

ISM(Industrial Scientific Medical)频段由国际通信联盟无线电通信局 ITU-R(ITU Radio communication Sector)定义。此频段主要是开放给工业、科学、医学 3 个主要机构使用,属于免许可证频段,无需授权就可以使用。只需要遵守一定的发射功率(一般低于 1W),并且不对其他频段造成干扰即可。

为了更容易规范化,IEEE 802.11 把 WLAN 的物理层分为了 PLP(物理会聚协议子层)、PMD(物理介质相关协议子层)和物理管理子层,如图 2-5 所示。

PLP(物理会聚协议子层)	物理管理子层
PMD(物理介质相关协议子层)	

图 2-5 IEEE 802.11 物理层

PLP 子层主要进行载波侦听的分析和针对不同的物理层形成相应格式的分组。PMD 子层用于识别相关介质传输的信号所使用的调制和编码技术。物理层管理子层进行信道选择和调谐。MAC 层协议数据单元(MPDU)到达 PLP 层时,在 MPDU 前加上帧头用来明确传输要使用的 PMD 层,3 种方式的帧头格式不同。PLP 分组根据这 3 种信号传输技术的规范要求由 PMD 层传输,如图 2-6 所示。

前同步信号	帧头	MPDU

图 2-6 3 种传输方式的 PLP 帧格式

当前 IEEE 802.11 物理层按照采用的相关技术可分为 FHSS、DSSS 等相关类型,如图 2-7 所示。

高层协议				
802.11 FHSS	802.11 DSSS	802.11a OFDM	802.11b HR-DSSS	802.11g OFDM/DSSS

图 2-7 IEEE 802.11 物理层技术

2.数据链路层

数据链路层实现实体间数据的可靠传输,利用物理层所建立起来的物理连接形成数据链路,将具有一定意义和结构的信息在实体间进行传输,同时为其上的网络层提供有效的服务。802.11标准设计了独特的数据链路层,如图 2-8 所示。

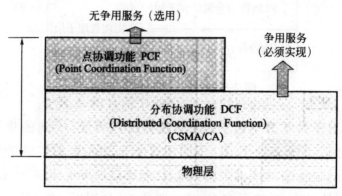

图 2-8 IEEE 802.11 数据链路层

(1)数据链路层的功能

①成帧和同步:规定帧的具体格式和信息帧的类型(包括控制信息帧和数据信息帧等)。数据链路层要将比特流划分成具体的帧,同时确保帧的同步。数据链路层从网络层接收信息分组、分装成帧,然后传输给物理层,由物理层传输到对方的数据链路层。

②差错控制:为了使网络层无需了解物理层的特征而获得可靠数据单元传输,数据链路层应具备差错检测功能和校正功能,从而使相邻节点链路层之间无差错地传输数据单元。因此在信息帧中携带有校验信息,当接收方接收到信息帧时,按照选定的差错控制方法进行校验,以便发现错误并进行差错处理。

③流量控制:为可靠传输数据帧,防止节点链路层之间的缓冲器溢出或链路阻塞,数据链路层应具备流量控制功能,以协调发送端和接收端的数据流量。

④链路管理：包括建立、维持和释放数据链路，并可以为网络层提供几种不同质量的链路服务。

IEEE 802.11 的数据链路层由两个子层构成，逻辑链路层 LLC(Logic Link Control) 和媒体控制层 MAC(Media Access Control)。IEEE 802.11 使用和 802.2 完全相同的 LLC 子层和 802 协议中的 48 位 MAC 地址。

(2)IEEE 802.11 MAC 帧格式

IEEE 802.11 MAC 帧的构成如图 2-9 所示。一个完整的 MAC 帧包括帧头和帧体两个部分。其中 MAC 帧头(MAC Header)包括 Frame Control（帧控制域），Duration/ID（持续时间/标识），Address（地址域），Sequence Control（序列控制域）、QoS Control（服务质量控制）。Frame Body 域包含信息根据帧的类型有所不同，主要封装的是上层的数据单元，长度为 0～2312 个字节，IEEE 802.11 帧最大长度为 2346 个字节，FCS（校验域）包含 32 位循环冗余码。

2B	2B	6B	6B	6B	2B	6B	0~2312B	4B
Frame Control	Duration /ID	Address1	Address2	Address3	Seqctl	Address4	Frame Body	FCS

图 2-9　IEEE 802.11 MAC 帧的构成

①Frame Control。Frame Control 指的是控制域，它是 MAC 帧最主要的组成部分，IEEE 802.11 MAC 帧控制域的构成如图 2-10 所示。

2b	2b	4b	1b	1b	1b	1b	1b	1b	1b	1b
Protocol	Type	Sub type	To DS	From DS	More Frag	Retry	Pwr Mgmt	More Data	Protect Frame	Order
0	1 2	3 4	7 8	9	10	11	12	13	14	15

图 2-10　IEEE 802.11 MAC 帧控制域

a. Protocol：指的是协议版本，通常为 0。

b. Type：指的是类型域。

c. Subtype：指的是子类型域，它们共同指出帧的类型。

d. To DS：表明该帧是 BSS 向 DS 发送的帧。

e. From DS：表明该帧是 DS 向 BSS 发送的帧。

f. More Frag：用于说明长帧被分段的情况，是否还有其他的帧。

g. Retry：指的是重传域，用于帧的重传，接收工作站利用该域消除重传帧。

h. Pwr Mgmt：指的是能量管理域，其值为 1 时，说明工作站处于省电（Power Save）模式；其值为 0 时，说明工作站处于激活（Active）模式。

i. More Data：指的是更多数据域，其值为 1，说明至少还有一个数据帧要发送给工作站。

j. Protecte Frame：其值为 1，说明帧体部分包含被密钥套处理过的数据，否则就为 0。

k. Order：指的是序号域，其值为 1，说明长帧分段传输采用严格编号方式，否则为 0。

②Duration/ID。Duration/ID 指的是持续时间/标识域，它用于表明该帧和它的确认帧将会占用信道多长时间；对于帧控制域子类型为 Power Save-Poll 的帧，该域表示了工作站的连接身份（Association Identification，AID）。

③Address。Address 指的是地址域，包括源地址（SA）、目的地址（DA）、传输工作站地址（TA）、接收工作站地址（RA），其中 SA 与 DA 必不可少，后两个只对跨 BSS 的通信有用，而目的地址可以为单播地址（Unicast Address）、多播地址（Multicast Address）、广播地址（Broadcast Address）。

④Sequence Control。Sequence Control 指的是序列控制域，它由代表 MSDU（MAC Server Data Unit）或者 MMSDU（MAC Management Server Data Unit）的 12 位序列号和表示 MSDU 与 MMSDU 的每一个片段的编号的 4 位片段号组成。

2.1.6　无线局域网的安全机制

1. WEP 安全机制

无线局域网有线等价保密（Wired Equivalent Privacy，WEP）协议是由 IEEE 802.11 制定的。

在同一个无线局域网内，WEP 要求所有通信设备，包括 AP 和其他设备，如便携式计算机和掌上计算机内的无线网网卡，都赋予同一把预先选定的共享密钥 K，称为 WEP 密钥。WEP 密钥的长度可取为 40bit 或 104bit。某些 WEP 产品采取更长的密钥，长度可达到 232bit。WEP 允许 WLAN 中的 STA 共享多把 WEP 密钥。每个 WEP 密钥通过一个 1 字节长的 ID 唯一表示出来，这个 ID 称为密钥 ID。

WEP 没有规定密钥如何产生和传递。因此，WEP 密钥通常由系统管理员选取，并通过有线通信或其他方法传递给用户。一般情况下，WEP 密钥一经选定就不会改变。

（1）IEEE 802.11b 认证机制

一个客户端如果没有被认证，将无法接入无线局域网，因此必须在客户端设置认证方式，而且该方式应与接入点采用的方式兼容。IEEE 802.11b 标准定义了两种认证方式：开放系统认证和共享密钥认证。

①开放系统认证。开放系统认证是 IEEE 802.11 协议采用的默认认证方式。开放系统认证对请求认证的任何人提供认证。整个认证过程通过明文传输完成，即使某个客户端无法提供正确的 WEP 密钥，也能与接入点建立联系。

开放系统认证整个过程只有两步：认证请求和响应，如图 2-11 所示，请求帧中没有包含任何与请求工作站相关的认证信息，而只是在帧体中指明所采用的认证机制和认证事务序列号。

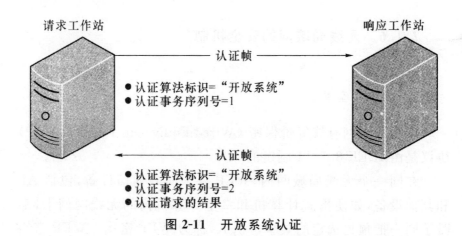

图 2-11　开放系统认证

　　②共享密钥认证。共享密钥认证采用标准的挑战/响应机制，以共享密钥来对客户端进行认证。该认证方式允许移动客户端使用一个共享密钥来加密数据。WEP 允许管理员定义共享密钥。没有共享密钥的用户将被拒绝访问。用于加密和解密的密钥也被用于提供认证服务，但这会带来安全隐患。与开放系统认证相比，共享密钥认证方式能够提供更好的认证服务。如果一个客户端采用这种认证方式，客户端必须支持 WEP。

　　共享密钥认证基本过程如图 2-12 所示。

　　(2)WEP 加密与解密机制

　　①加密。加密标准定义了一个加密协议 WEP，用来对无线局域网中的数据流提供安全保护。

　　WEP 是基于 RC4 算法的。RC4 算法是流密码加密算法。用 RC4 加密的数据流丢失一位后，该位后的所有数据都会丢失，这是因为 RC4 的加密和解密失步造成的。所以在 IEEE 802.11 中 WEP 就必须在每帧重新初始化密钥流。

　　WEP 解决的方法是引入初始向量（IV），WEP 使用 IV 和密钥级联作为种子产生密钥流，通过 IV 的变化产生 Per-Packet 密钥。为了和接收方同步产生密钥流，IV 必须以明文形式传送。同时为了防止数据的非法改动以及传输错误，引入了综合检测值（ICV）。

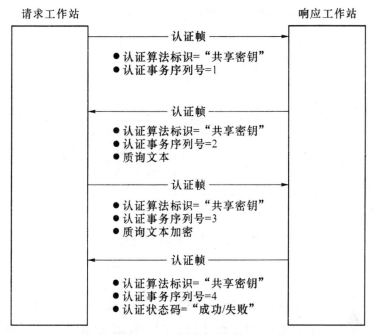

图 2-12　共享密钥认证

如图 2-13 所示为 WEP 加密过程。

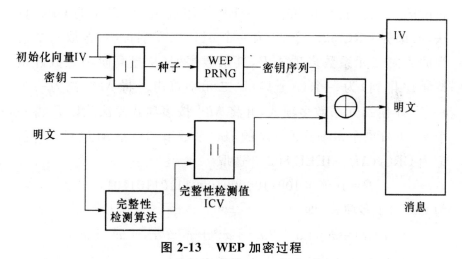

图 2-13　WEP 加密过程

②解密。WEP 解密过程如图 2-14 所示,解密的流程如下:

a. 接收到的密文消息被用来产生密钥序列。

b. 加密数据与密钥序列一道产生解密数据和 ICV。

c.解密数据通过数据完整性算法生成 ICV。

d.将生成的 ICV 与接收到的 ICV 进行比较。如果不一致，将错误信息报告给发送方。

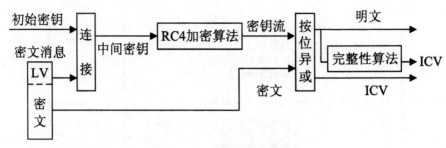

图 2-14　WEP 解密过程

（3）数据完整性验证

令 M 为从网络层传到数据链接层的网包，表示成 $n$bit 二元字符串。WEP 在数据链接层的 LLC 子层中用 M 的 32bit 循环冗余校验值（CRC-32）验证数据的完整性，称为完整性校验值（ICV）。

CRC 是一个用多项式除法将二元字符串的输入转换成固定长度的二元检错码的方法。WEP 使用输出为 32bit 的 CRC 算法，简记为 CRC-32。令 M 为一个 $n$bit 二元字符串，选取一个适当的 k 阶二元系数多项式 P，其系数序列（从最高阶项系数开始按顺序排到）为一个 $(k+1)$ bit 二元字符串。将 $M0^k$ 视为一个 $n+k-1$ 阶二元系数多项式，并将 $M0^k$ 按多项式除法除以 P 得一个 $k-1$ 阶剩余多项式 R。R 的 k bit 系数系列就是 M 的 CRC 值，记为 $\mathrm{CRC}_k(M)$。IEEE 802.3 选取

$$P=100000100110000010001110110110111$$

为 CRC-32 多项式，即

$$P(x)=x^{32}+x^{26}+x^{22}+x^{16}+x^{12}+x^{11}+x^{10}+x^8$$
$$+x^7+x^5+x^4+x^2+x+1$$

多项式 $M\|\mathrm{CRC}_k(M)$ 能被多项式 P 整除。证明如下：

将 M 写成 $n-1$ 阶多项式 $M(x)$，则 $M0^k$ 表示多项式 $M(x)x^k$，而且

$$M(x)x^k = \mathrm{mod}P(x) = R(x)$$

其中 $R = \mathrm{CRC}_k(M)$。因为多项式相加等于对其二元系数作排斥加运算，所以

$$M(x)x^k + R(x)\mathrm{mod}P(x) = (R(x) + R(x))\mathrm{mod}P(x)$$
$$= 0\mathrm{mod}P(x)$$
$$= 0$$

因此，如果接收方算出 $M\|\mathrm{CRC}_k(M)$ 不被 P 整除，则表示所收到的 M 已被更改，与发送方送出的不同。

可按以下方式快速计算 $k$bit CRC 值。将 M 和 P 表示成二元字符串，令 $T = M0^k$。将 P 按 T 的左边第一次出现非零系数的位置对齐，然后将 P 和 T 对齐部分作排斥加运算，其结果及 T 还没有被处理的部分所表示的二元字符串仍用 T 表示。重复上述过程直到按 T 的左边的第一个非零数字对齐后 P 的长度大于 T 所剩余的二元字符串的长度。这样，右边的 $k$bit 二元字符串就是所求的 $k$bit CRC 值。

2. WAP 安全机制

在 WEP 被质疑存在致命安全漏洞后，IEEE 成立专门工作组制定新标准——IEEE 802.11i。由于 IEEE 802.11i 问世时间被数次推延，在此期间，WiFi 联盟提出了 WPA 方案，WPA 作为 IEEE 802.11b 的过渡性安全方案，采用 IEEE 802.1x 可扩展认证协议 EAP 认证机制和临时密钥完整性协议（Temporal Key Integrity Protocol，TKIP）加密机制。它有三个目的：第一是纠正所有已经发现的 WEP 协议的安全弱点，第二是能继续使用已有的 WEP 的硬件设备，第三是保证 WPA 将与即将制定的 802.11i 安全标准兼容。

（1）IEEE 802.1x 认证机制

IEEE 802.1x 是基于端口的访问控制协议，它并非是一个具体认证协议，可以说是所有基于 IEEE 802.1x 体系认证方式的统称。该套体系的核心机制是 EAP 协议（Extensible Authentication Protocol),后续章节将做出具体阐述。该体系能够实现对局域网设备的安全认证和授权,协议设计人员可以根据实际需求灵活扩展 EAP 认证方式。如图 2-15 所示,IEEE 802.1x 体系总共分为申请系统、认证系统、认证服务器 3 个部分。

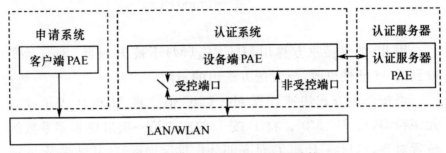

图 2-15 IEEE 802.1x 体系结构

从 IEEE 802.1x 架构来看,认证并未集中在单设备上完成,实际上它将认证服务剥离成两个部分:提供接入服务的认证系统和具体实现认证机制的专设服务器。在无线局域网络中,需要访问网络资源的终端用户就是架构中的申请系统,接入点扮演认证系统的角色,通常使用 Radius 服务器(如果服务器采用 Radius 协议的话)充当认证服务器。

当终端用户通过端口向 AP 发送认证申请时,由 Radius 服务器处理认证请求。专设服务器处理认证需求的做法看似降低了认证系统的工作效率,其实不然,无线局域网可以设置多个 AP,由众多 AP 共享少量的认证服务器,这样便于网管集中管理、高效维护,提高无线网络的通信效率及安全性能。IEEE 802.1x 工作流程如图 2-16 所示。

(2)EAP 协议

IEEE 802.1x 以可扩展身份验证协议(EAP)为基础,组合多种协议,构架安全体系。EAP 就是一系列验证方式的集合,其设计理念是满足任何链路层的身份验证需求,支持多种链路层认证方式,它将实现细节交由附属的 EAP Method 协议完成,如何选取 EAP Method 由认证系统特征决定。这样实现了 EAP 的扩展性及灵活性,如图 2-17 所示,EAP 可以提供不同的方法分别支持 PPP、以太网、无线局域网的链路层验证。

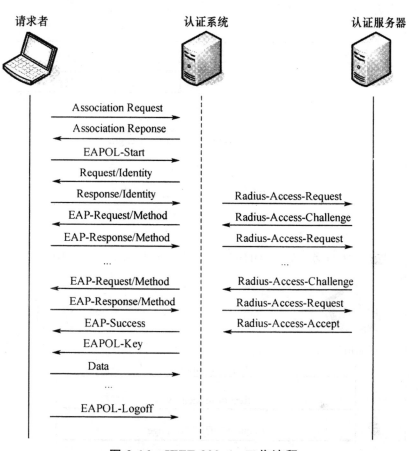

图 2-16　IEEE 802.1x 工作流程

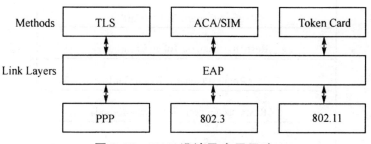

图 2-17　EAP 设计及应用思路

EAP 的协议封装的格式如图 2-18(a)所示,格式包括了协议头、代码字段、标志符字段、数据帧长度字段、数据等。协议认证的结果通过如图 2-18(b)所示,认证系统通过该格式协议帧告知用户认证结果:成功或失败。

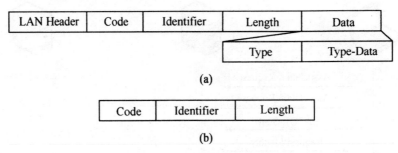

(a)

(b)

图 2-18　EAP 协议封装格式

(a)EAP 协议封装格式;(b)EAP 认证结果数据帧

EAP 认证系统与终端的认证交互流程如图 2-19 所示。

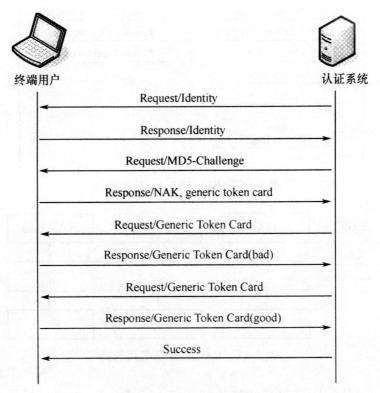

图 2-19　EAP 交互流程

（3）临时密钥完整性协议 TKIP

①TKIP 信息完整性码。TKIP 用麦克算法计算 MIC。这个算法是由荷兰密码工程学家 Niels Ferguson 专门为 WPA 设计的。麦克算法用一个 64bit 长的密钥生成一个 64bit 长的信息认证码。临时配对密钥中 128bit 长的数据 MIC 密钥的一半用做认证 AP 送往 STA 的数据的密钥，另一半用做认证 STA 送往 AP 的数据的密钥。

TKIP 将数据按小地址存储的方式存储。令 K 为 STA 和 AP 共享的 64bit 密钥，将 K 等分成两段，记为 K_0 和 K_1，即 $K = K_0 K_1$ 且 $|K_0| = |K_1|$。令

$$M = M_1 \cdots M_n$$

为一个即将传输的 LLC 网帧，其中每个 M 为 32bit 长的二元字符串。

麦克算法按以下方法用密钥 K 为 M 产生 MIC：

$$(L_1, R_1) = (K_0, K_1)$$
$$(L_{i+1}, R_{i+1}) = F(L_i \oplus M_i, R_i), i = 1, 2, \cdots, n$$
$$\text{MIC} = L_{n+1} R_{n+1}$$

其中 F 为 Feistel 替换函数。令 l 和 r 分别为两个长 32bit 的二元字符串，则 $F(l, r)$ 的定义如下：

$$r_0 = r$$
$$l_0 = l$$
$$r_1 = r_0 \oplus (l_0 <<< 17)$$
$$l_1 = l_0 \oplus_{32} r_1$$
$$r_2 = r_1 \oplus \text{XSWAP}(l_1)$$
$$l_2 = l_1 \oplus_{32} r_2$$
$$r_3 = r_2 \oplus (l_2 <<< 3)$$
$$l_3 = l_2 \oplus_{32} r_3$$
$$r_4 = r_3 \oplus (l_2 >>> 2)$$
$$l_4 = l_2 \oplus_{32} r_4$$
$$F(l, r) = (r_4, l_4)$$

其中 $l \oplus_{32} r = (l + r) \bmod 2^{32}$，XSWAP($l$) 将 l 的左半部与其右半部

对调。例如,将数字表示成 16 进制数,得

$$XSWAP(12345678)＝56781234$$

麦克算法实质上是 Feistel 加密算法,其密钥长度为 64bit,所以用麦克算法验证数据的完整性比用 CRC 安全很多。但是,同其他短密钥加密算法一样,麦克 MIC 仍然可能遭受蛮力攻击。为防止攻击者不断尝试可能的密钥,TKIP 规定如果在一秒钟内有两个失败的尝试,则 STA 必须吊销其密钥并与 AP 断开,等待一分钟后才能再和 AP 相连。

②TKIP 密钥混合。TKIP 密钥混合分为两个阶段,如图 2-20 所示。

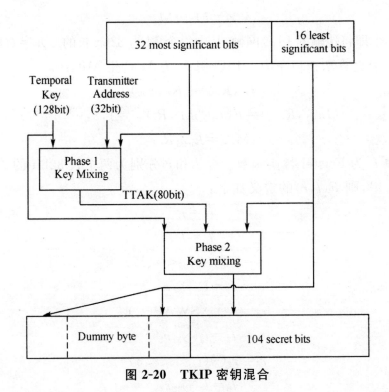

图 2-20   TKIP 密钥混合

密钥混合用一个 48bit 计数器对每个网帧产生一个 48bit 长的初始向量 IV。这个计数器称为 TKIP 序列计数器,简记为 TSC。将 IV 分割成 3 个 16bit 长的段:V_2,V_1,V_0。

密钥混合运算由两个部分组成,记为 mix_1 和 mix_2,其中

mix_1 将一个 128bit 长的二元字符串(输入)转化成一个 80bit 长的二元字符串(输出),而 mix_2 则将一个 128bit 长的二元字符串(输入)转化成一个 128bit 长的二元字符串(输出)。这两个部分都具有 Feistel 加密结构,包含一系列加法运算、排斥加运算和替换运算,其中替换函数记为 S,使用两个 S-匣子,每个 S-匣子是一个包含 256 个元素的表,每个元素是一个 8bit 二元字符串。令 a^t 表示发送端设备的 48bit MAC 地址, k^t 为发送端设备的 128bit 数据加密算法密钥, pk_1 为 mix_1 的输出, pk_2 为 mix_2 的输出,其中 pk_1 和 pk_2 均为 128bit 长的二元字符串。即

$$pk_1 = mix_1(a^t, V_2 V_1, k^t)$$
$$pk_2 = mix_2(pk_1, V_0, k^t)$$

用 pk_2 作为 RC4 的网帧密钥。

③TKIP 加密与接收。明文数据包生成完毕后,交由 TKIP 加密处理,具体过程如图 2-21 所示。

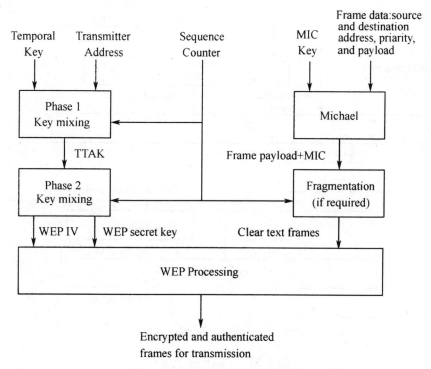

图 2-21　TKIP 加密处理流程

a. 进行 TKIP 密钥混合,生成 WEP 种子及 WEP 初始向量。

b. TKIP 保护 MAC 层的有效数据,数据包的 IEEE 802.11 协议帧头及物理层标头保持不变,置入队列,等待传送。

c. 计算消息完整性校验,并追加至帧末端。

d. 对数据帧分片,为每一个帧片段分配序列号,序列号自动累加。如果数据帧达不到分片要求,分配一个序列号即可。

e. 将待加密数据帧进行 WEP 加密处理。

当接收端的无线接口收到密文数据包后,TKIP 的处理过程是上述加密过程的逆过程,并且在解密之前进行安全性检查,确保数据的完整性、可靠性,如图 2-22 所示。

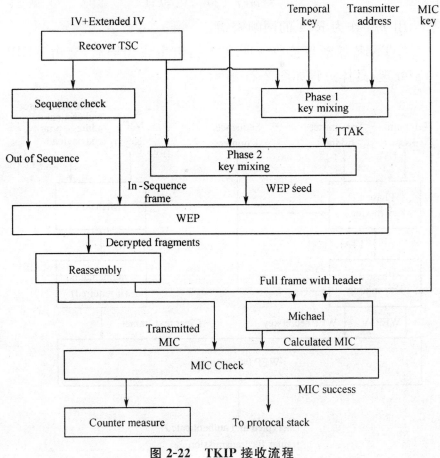

图 2-22　TKIP 接收流程

　　a. 为了确保数据帧未被篡改、损坏,首先进行帧序列检查,保障数据帧的完整性。

　　b. TKIP 启动重放攻击检查机制,初始向量已经记录了序列号,接收帧必须按照严格的顺序接收,如果帧序号小于或等于最近有效帧序号,将被视为重放攻击数据包。

　　c. 解析数据包,获取发送端源地址、临时密钥以及序列号等信息,恢复 WEP 种子,而后解密密文数据,对分片帧的 ICV 进行完整性校验。

　　d. 当帧片段重组完成后,计算 MIC 值,完成消息完整性校验,如果通过校验,则提交上层协议处理;如果校验错误,则会触发相应策略。例如,记录 MIC 错误并交由管理人员进一步处理;或者连续一分钟以内发生多次 MIC 值错误,则认为受到了攻击者的持续性攻击,系统会停止 TKIP 通信一分钟,终端用户弃用现有密钥,向认证系统重新申请密钥。

　　(4)WPA 加密与解密机制

　　发送端 WPA 将 LLC 网帧(记为 MSDU)用 WEP 加密机制加密后放入 MAC 网帧传给接收方,MAC 网帧也称为 MAC 协议数据单位,简记为 MPDU。没有加密的 48bit 初始向量 $V_2V_1V_0$ 也放在 MPDU 内,与 MSDU 一起传给收信方。图 2-23 给出 WPA 加密机制的流程图。

　　发送端初始向量计数器,从 0 开始,对每个 MSDU 块依次加 1 产生新的初始向量。如果网帧块的初始向量不按次序到达,则会被清除以抵御重放攻击。对每个新的连接和新的密钥,初始向量计数器将置 0。

　　接收端 WPA 提取初始向量 IV,并计算临时配对密钥。然后将 MSDU 块解密并将它们重新整合成原来的 MSDU 及其完整性校验值 ICV。

　　3. RSN 安全机制

　　IEEE 802.11i 标准主要包括两项主要的内容:Wi-Fi 保护接

入（WPA）和强健的安全网络（Robust Security Network，RSN）。

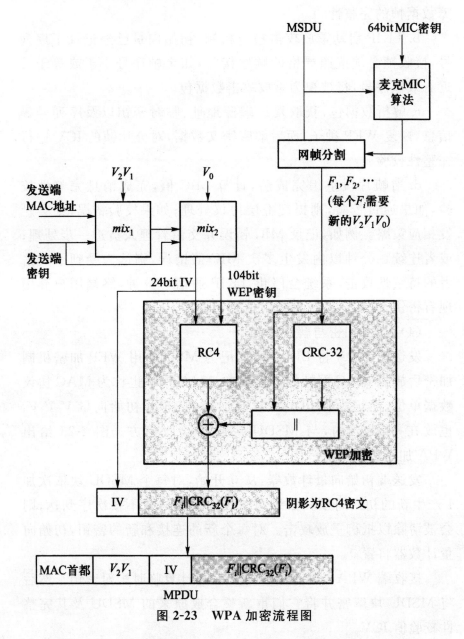

图 2-23　WPA 加密流程图

IEEE 802.11i 规定使用 802.1x 鉴别和密钥管理方式，在数据加密方面定义了 TKIP、CCMP（Counter-Mode/CBC-MAC Protocol，计数器模式及密码块链消息认证码协议）和 WRAP（Wireless Robust Authenticated Protocol,无线稳健认证协议)等 3 种加密机制,如图 2-24 所示。

图 2-24　IEEE 802.11i 协议结构

IEEE 802.11i 定义了一系列过程,包括 IEEE 802.1x 认证和密钥管理协议四次握手等,这一系列过程构成了 RSN 体系。RSN 工作的流程分为以下几个阶段:

①搜寻网络。

②关联。

③IEEE 802.1x 认证。

④四次握手。

⑤组播密钥握手。

⑥保密数据通信。

具体的工作流程如图 2-25 所示。

(1)CCMP 加密机制

IEEE 802.11i 标准提供了两种加密机制,前面已经介绍过 TKIP,它是 WEP 的改良算法,虽然在安全性能方面有所提升,但是其核心机制还是 WEP 那一套。IEEE 802.11i 提出了一种全新的以高级加密标准(AES)的块密码为基础的安全协议——计数器模式及密码块链消息认证码协议(CCMP)。

IEEE 802.11i 规定 AES 使用 128bit 的密钥及数据块长度,其实采用 128bit 的应用只是 AES 的一种特殊情况,AES 本身是相当灵活的算法,支持任意长度的数据包,其安全性能远远高于 RC4。CCMP 基于 AES 的 CCM 模式,结合 Counter 模式完成数

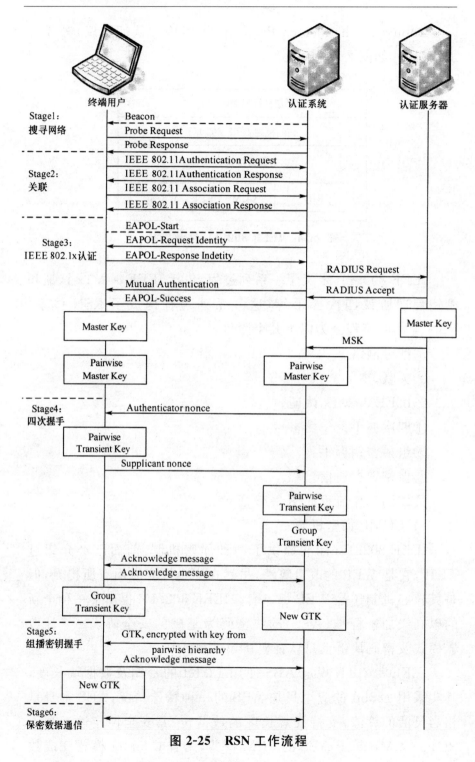

图 2-25　RSN 工作流程

据包的加解密处理,并结合 CBC-MAC 模式完成认证处理。

CCMP 加密过程如图 2-26 所示。

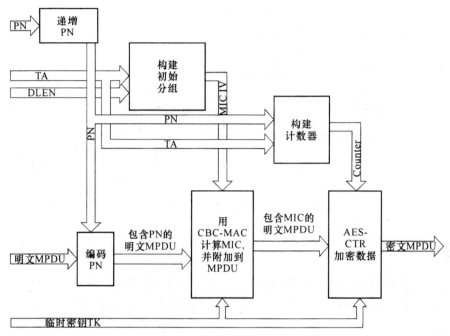

图 2-26　CCMP 加密框图

CCMP 的加密步骤如下:

①为每个数据包分配序号 PN,PN 会自动累加,便于接收端进行重放攻击检测。

②利用 MPDU 的 TA,MPDU 数据长度 DLEN 和 PN 构造 CCM-MAC 的 IV。

③结合 IV 使用 AES 算法计算 MIC 并且追加至数据帧末端。

④利用 PN 和 MPDU TA 构造 CTR 模式的 Counter。

⑤利用 Counter 模式的 AES 加密数据包。

CCMP 解密过程如图 2-27 所示。

CCMP 的解密步骤如下:

①一旦无线接口接收到数据帧,通过帧校验序列确定它未曾受损。而后启动 CCMP 验证。

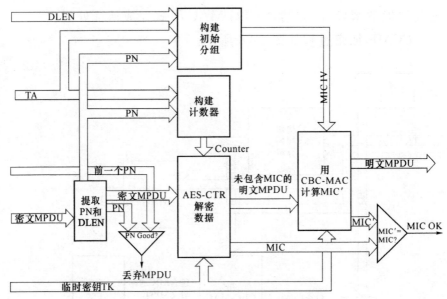

图 2-27　CCMP 解密框图

②进行重放检测，如果 PN 在重放窗口之外，丢弃该 MPDU。完成重放攻击检测，如果 PN 大于最近记录在案的数据包 PN，表明 PN 有效，更新最新 PN 记录，否则丢弃数据包。

③利用 PN 和 MPDU 的 TA 构造 CTR 模式的 Counter。利用 PN 和数据的发送端源地址构造 Counter。

④利用该 Counter，进行 CTR 模式解密。利用 Counter 模式的 AES 解密数据包。

⑤利用 MPDU 的 TA、DLEN 和 PN 构造 CCM-MAC 的 IV，DLEN 要减去 16，以排除 MIC 和 SN。

⑥计算数据包的完整性校验值，如果与数据包校验值不一致，则作弃包处理。

（2）WRAP 加密机制

WRAP 基于 128 位的 AES 在 OCB 模式下使用，OCB 模式通过使用同一个密钥对数据进行一次处理，同时提供了加密和数据完整性检测。

OCB 模式使用 Nonce（一个随机数）使加密随机化，避免了相同的明文被加密成相同的密文。OCB 模式的加密过程如图 2-28 所示。

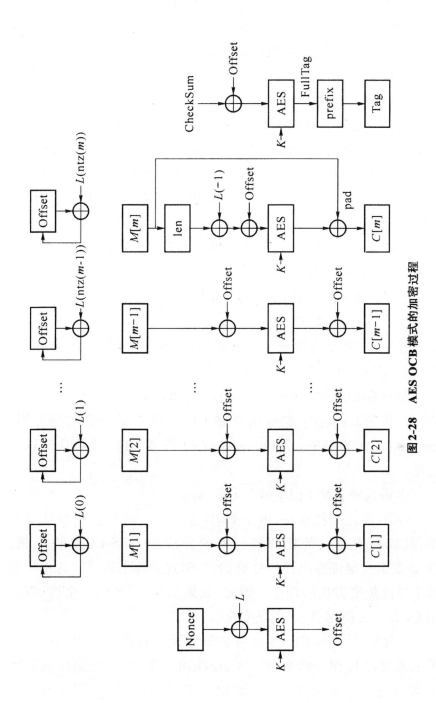

图 2-28　AES OCB 模式的加密过程

图 2-28 中，Nonce 代表 OCB 模式的初始向量；$\text{ntz}(i)$ 为使 2^z 整除 i 的最大整数 z，例如，$\text{ntz}(7)=0$，$\text{ntz}(8)=3$；$\text{len}(M(m))$ 为一个函数，用来把 $M(m)$ 分组的长度扩展到 128bit，即用 128bit 的二进制数表示 $M(m)$ 的长度。OCB 的处理过程如下：

①$L(0)=E_k(0)$。

②$L(-1)=\text{lsb}(L(0))? \ (L(0)\gg 1)\oplus \text{const}43 : (L(0)\ll 1)$。

③For $i>0$，$L(i)=\text{lsb}(L(i-1))? \ (L(i-1)\ll 1)\oplus \text{const}87 :$ $(L(i-1)\ll 1)$。

④Nonce 和一个 128 位串 L 异或后，使用 AES_k 加密，结果是 Offset。

⑤明文 $M[i]$ 和 Offset 异或以后使用 AES_k 加密，结果再和 Offset 异或得到密文 $C[i]$。

⑥Offset 和一个新的 L 值异或后更新。

⑦重复⑤、⑥至第 $M[m-1]$。

⑧$M[m]$ 的加密跟前面稍有不同，$Y[m]=\text{AES}_k(\text{len}M[m]\oplus L(-1)\oplus \text{Offset})$，$C[m]=Y[m]\oplus M[m]$。

⑨计算 $\text{CheckSum}=M[1]\oplus \cdots \oplus M[m-1]\oplus C[m]0^* \oplus Y[m]$，其中 $C[m]0^*$ 表示用 0 将 $C[m]$ 填充至一个完整分组，$\text{tag}=\text{AES}_k(\text{CheckSum}\oplus \text{Offset})$（前 64 位或 t 位），t 为认证码的长度。

⑩得到密文是 $C[1]\cdots C[m] \parallel \text{tag}$。

OCB 模式的特点是，由于 OCB 使用单一过程密钥和认证数据，其软件实现大约比那些经典的方法如 AES-CCM 快 1 倍。OCB 安全性定理指出任何针对 OCB 模式的攻击都可以转化为对其下层的加密方法的攻击。因此，如果信任 AES 的安全性，那么用 OCB 模式使用 AES 也是安全的。

WRAP 使用 AES-OCB 对数据单元进行操作，WRAP 使用单一的密钥 K 用于加密和解密，还使用一个 28 位的包序列计数器 Replay Counter，该计数器用来构造 OCB 模式的 Nonce。Nonce 是 Replay Counter、服务等级、源/目的的 MAC 地址级联而成。

　　AES-OCB 加密数据以后，增加了 12 个字节的头，包括 28 位的 Replay Counter、Key ID 和 64 位的 MIC，如图 2-29 所示。在 WEP 中的完整性算法 CRC-32 不能阻止攻击者篡改数据，起不到完整性保护的作用。保护完整性的通常做法是采用带密钥的 Hash 函数，一般称为消息认证码（Message Authentication Code，MAC）。MIC 是防止数据篡改的方法，就是 Message Integrity Code。但是 IEEE 802 已经把 MAC 用为"Media Access Control"，所以 802.11i 使用 MIC 的缩写方式。

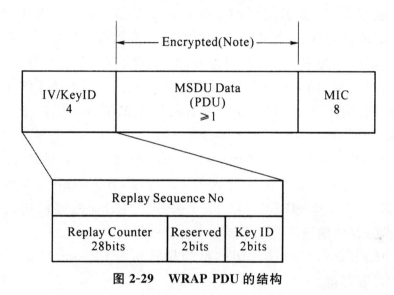

图 2-29　WRAP PDU 的结构

2.2　无线个域网技术分析

　　无线个人域网（WPAN）技术是一种短距离、低成本、低功耗的无线通信方式，能够实现不同功能单一设备的互联，提供小范围无线连接、微小网自组网机制，并通过一定的安全接口完成自组小网与广域大网的互通。

2.2.1 无线个域网概述

无线个域网(Wireless Personal Area Network,WPAN)是指在便携式通信设备之间进行短距离自组连接的网络。无线个域网的覆盖范围一般在 10m 半径以内,在无线个域网中设备可以承担主控功能,又可以承担被控功能,设备可以很容易地加入或者离开现有网络。无线个域网主要用于短距离内无线通信,以减少各种传输线缆的使用。

随着无线个域网技术的不断发展以及和其他类型无线网络的不断融合与互补,无线个域网将在全球范围内获得极为广泛的应用,取代线缆连接各种用户设备,给人们的生活带来便利。

IEEE 802.15 是 IEEE 802 于 1998 年成立的从事无线个域网标准化的工作组,其主要开发有关短距离范围的无线个域网标准。

IEEE 802.15.1 是蓝牙(Bluetooth)技术的一个正式标准。2001 年,蓝牙 V1.1 正式列入 IEEE 标准,Bluetooth 1.1 即为 IEEE 802.15.1。IEEE 802.15.1 采用 2.4GHz 的频段进行通信,其数据传输速率为 1Mbps。

IEEE 802.15.2 工作组的目的是要和 IEEE 802.11 开发共存的推荐规范。

IEEE 802.15.3 工作组的兴趣是开发低成本和低功耗的蓝牙设备标准,IEEE 802.15.3 同样工作在 2.4GHz 的频段,其最高数据传输速率达到 55Mbps。IEEE 802.15.3a 的目标是要提供比 IEEE 802.15.3 更高的数据率,IEEE 802.15.3a 则设计提供高达 110Mbps 的传输速率。

IEEE 802.15.4 工作组则开发了一个非常低成本、非常低功耗的无线传感器网络设备标准。

IEEE 802.15 协议体系结构如图 2-30 所示。可以看到各种 IEEE 802.15 标准的主要区别在其物理层和 MAC 层。

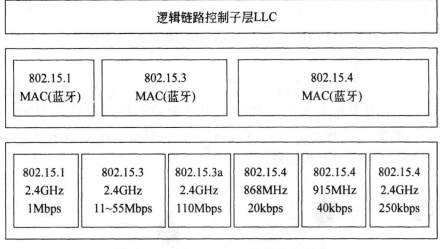

图 2-30　IEEE 802.15 协议体系结构

蓝牙(Bluetooth)是一种替代线缆的短距离无线通信技术,它规定了通用无线传输接口与操作控制软件的公开标准。其主要基于 IEEE 802.15.1 标准。Bluetooth 最早由爱立信公司的工程师开发。Bluetooth 采用分散式网络结构,支持点对点及点对多点通信,采用时分双工传输方案。

1998 年 5 月,Ericsson、IBM、Intel、Nokia 和 Toshiba 联合宣布了"蓝牙"计划,随后这 5 家公司组建了一个特殊的兴趣组织 Bluetooth SIG(Bluetooth Special Interest Group,蓝牙特别兴趣组)来负责此项计划的开发。

2.2.2　蓝牙技术概述

蓝牙之名取自一千多年前丹麦国王 Harold Bluetooth 姓名的字译。据说 Bluetooth 国王擅长外交,他提倡交战各方应用谈判方式解决争端。

蓝牙的目标是实现无线数据和语音传输的开放式标准,用微波取代传统网络中错综复杂的电缆,将各种通信设备、计算机及其终端设备、各种数字数据系统甚至家用电器采用无线方式连接起来,以进行方便快捷、灵活安全、低成本低功耗的数据和语音通信。它的传输距离为 10cm～10m,如果增加功率或是加上某些外设便可达到 100m 以上的传输距离。

蓝牙网络的典型特征是网络设备之间保持了主从关系。最多 8 台采用主从关系的蓝牙设备可以组成的网络被称为"Piconet",如图 2-31 所示。在这种网络中,一个设备被指定为主设备,最多可以连接 7 个从设备。

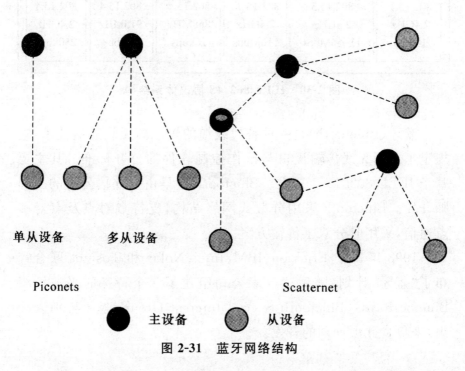

单从设备　　多从设备

Piconets　　　　　　　　　　　　　　　　Scatternet

●主设备　　　●从设备

图 2-31　蓝牙网络结构

为了节省能源消耗,蓝牙设备设有 3 种状态,即活跃状态、停泊状态和待命状态。正在进行通信的设备(包括主设备和从设备)呈活跃状态,处在停泊状态的设备可随时进入活跃状态,而处在待命状态的设备则需要更长的时间才能进入活跃状态。一个 Pico 网最多可包含 255 个停泊设备。图 2-32 给出了 Pico 网的示意图。

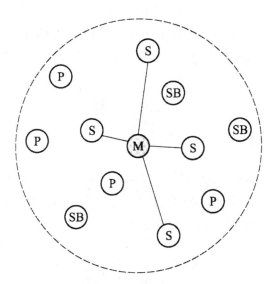

图 2-32　Pico 网示意图

M—主设备;S—从设备;

P—处在停泊状态的设备;SB—处在待命状态的设备

2.2.3　蓝牙协议规范

1. 蓝牙标准文档构成

蓝牙标准被分为两组——核心和概要。核心规范(Core Specifications)描述了从无线电接口到链路控制的不同层次蓝牙协议结构的细节,它包含了相关的主题,诸如相关技术的互操作性、检验需求和对不同的蓝牙计时器及其相关值的定义。

概要规范(Profile Specifications)考虑使用蓝牙技术支持不同的应用。每个概要规范讨论在核心规范中定义的技术,以实现特定的应用模型。概要规范包括对核心规范各方面的描述,它可分为强制的、可选的和不适用的。概要规范的目的是定义互操作性的标准,使得来源于不同厂家、声称能支持给定的应用模型的产品能一起工作,就一般术语而言,概要规范可被划分为两类:电

缆替代或无线音频。电缆替代概要规范：为邻近设备的逻辑连接
和数据交换提供了一个便利的方法。例如，当两个设备首次进入
对方的范围时，它们能基于公用的概要规范自动相互询问。接
着，这可能导致设备的最终用户相互注意，或导致一些数据交换
的自动发生。无线音频概要规范：考虑建立短途的语音连接。

2.蓝牙协议体系结构

蓝牙协议被定义为分层协议结构，如图 2-33 所示。蓝牙协议
栈的组成有多种不同的分类方法，按照与现有协议的亲疏关系，
蓝牙协议栈中的协议可以分为 3 类。

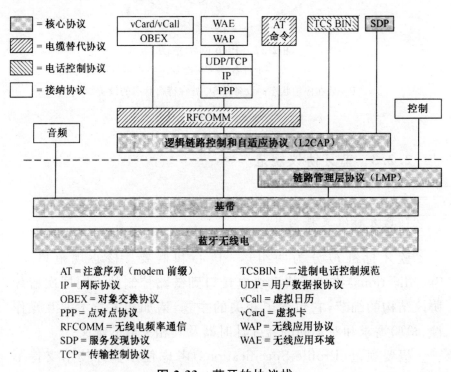

图 2-33　蓝牙的协议栈

第 1 类是核心协议（Core Protocol），是由蓝牙 SIG 专门对蓝
牙而开发的核心专用标准协议，形成由图 2-34 所示成分组成的 5
层栈。

$$
5层栈
\begin{cases}
\text{（1）无线电(Radio)} \\
\text{（2）基带(Baseband，BB)} \\
\text{（3）链路管理器协议(Link Manager Protocol，LMP)} \\
\text{（4）逻辑链路控制和自适应协议(Logical Link Control} \\
\qquad\text{and Adaptation Protocol，L2CAP)} \\
\text{（5）服务发现协议(Service Discovery Protocol，SDP)}
\end{cases}
$$

图 2-34　5 层栈

第 2 类也是蓝牙 SIG 开发的协议，但它们是基于现有的协议开发而来的，包括串口仿真协议（RFCOMM）和电话控制协议（Telephony Control protocol Specification，TCS）。

第 3 类是接纳协议（Adopted Protocols），是在由其他标准制定组织发布的规范中定义的，并被纳入总体的蓝牙结构。蓝牙战略是仅仅发明必需的协议，尽量使用现有的标准。接纳协议包括以下内容：

①PPP：点对点协议是在点对点链路上传输 IP 数据报的因特网标准协议。

②TCP/UDP/IP 是 TCP/IP 协议簇的基础协议。

③OBEX：对象交换协议是为了交换对象，由红外数据协会（Infrared Data Association，IrDA）开发的会话层协议。OBEX 提供的功能与 HTTP 相似，但更为简单。它也提供了一个表示物体和操作的模型，OBEX 所做的内容格式转换的例子是 vCard 和 vCalendar。它们分别提供了电子业务卡和个人日历记载的条目及进度信息。

④WAE/WAP：蓝牙将无线应用环境和无线应用协议包含到它的结构中。

由上述介绍可以看出，蓝牙协议栈底层具有未来扩充的功能，部分协议可不断修改，上层应用协议则完全保留，这种设计保证了蓝牙系统的兼容性。

2.2.4 蓝牙安全机制

1. 蓝牙算法

蓝牙安全算法有四种，加密算法 E_0、鉴权算法 E_1、链路密钥算法 E_2、加密密钥算法 E_3，其中链路密钥算法 E_2 分为两种模式：模式一 E_{21}（单元密钥或组合密钥算法）和模式二 E_{22}（初始化密钥或临时主密钥算法）。

（1）E_0

蓝牙的密码流生成系统使用 4 个线形反馈移位寄存器（LFSR），每个 LFSR 的输出为一个 16 状态的简单有限状态机（称作求和合成器）的输入。该状态机的输出为密钥流序列，或是在初始化阶段的随机初始值。4 个寄存器的长度分别为：$L_1=25$，$L_2=31$，$L_3=33$，$L_4=39$，总长度为 128 位。

其中 4 个 LFSR 的反馈多项式分别为

$$y_1(x)=x^{25}+x^{20}+x^{12}+x^8+1$$
$$y_2(x)=x^{31}+x^{24}+x^{16}+x^{12}+1$$
$$y_3(x)=x^{33}+x^{28}+x^{24}+x^4+1$$
$$y_4(x)=x^{39}+x^{36}+x^{28}+x^4+1$$

设 x_t^i 为 LFSR$_i$ 的第 t 位，那么 $y_t=x_t^1+x_t^2+x_t^3+x_t^4$，则 y_t 可能是 0，1，2，3 或 4。求和发生器的输出由下列式子给出：

$$z_t=x_t^1\oplus x_t^2\oplus x_t^3\oplus x_t^4\oplus c_t^0\in\{0,1\}$$
$$s_{t+1}=(s_{t+1}^1,s_{t+1}^0)=\lfloor(y_t+c_t)/2\rfloor\in\{0,1,2,3\}$$
$$c_{t+1}=(c_{t+1}^1,c_{t+1}^0)=s_{t+1}\oplus T_1[c_t]\oplus T_2[c_{t-1}]\in\{0,1,2,3\}$$

这里 $T_1[\ ]$ 和 $T_2[\ ]$ 是在 GF(4) 上的两个不同的线性双射。

密钥流的产生需要 4 个线性反馈移位寄存器的初始值（共 128 位）和 4 位用于指定 c_0 和 c_1 的值。

（2）E_1

令 K 为 16 字节长的密钥，ρ 为 16 字节二元字符串，α 为 6 字节地址。定义 $\widetilde{K}$ 如下：

$$\widetilde{K}[0]=K[0]\oplus_8 233,\widetilde{K}[1]=K[1]\oplus 229$$

$$\widetilde{K}[2]=K[2]\oplus_8 223,\widetilde{K}[3]=K[3]\oplus 193$$

$$\widetilde{K}[4]=K[4]\oplus_8 179,\widetilde{K}[5]=K[5]\oplus 167$$

$$\widetilde{K}[6]=K[6]\oplus_8 149,\widetilde{K}[7]=K[7]\oplus 131$$

$$\widetilde{K}[8]=K[8]\oplus 233,\widetilde{K}[9]=K[9]\oplus_8 229$$

$$\widetilde{K}[10]=K[10]\oplus 223,\widetilde{K}[11]=K[11]\oplus_8 193$$

$$\widetilde{K}[12]=K[12]\oplus 179,\widetilde{K}[13]=K[13]\oplus_8 167$$

$$\widetilde{K}[14]=K[14]\oplus 149,\widetilde{K}[15]=K[15]\oplus_8 131$$

用扩张函数 E 将 α 循环扩张成 16 字节长的二元字符串，定义如下：

$$E(\alpha)=\alpha\parallel\alpha\parallel\alpha[0:3]$$

E_1 将 r、K 和 α 作为输入，其输出为一个 16 字节的二元字符串，定义如下：

$$E_1(k,\rho,\alpha)=A_r'(T,[A_r(k,\rho)\rho]8E(\alpha))$$

（3）E_{21}

E_{21} 的输入为一个 16 字节的随机二元字符串 ρ 及 6 字节地址 α。令

$$\rho'=\rho[0:14]\parallel(\rho[15]\oplus b(6))$$

其中 $b(6)$ 为数字 6 的 8 字节二元表示，即 $b(6)=00000110$。则

$$E_{21}(\rho,\alpha)=A_r'(\rho',E(\alpha))$$

（4）E_{22}

E_{22} 的输入为 16 字节随机二元字符串 ρ、6 字节地址 α 及 ℓ 字节 PIN 码 p，其中 $1\leqslant\ell\leqslant16$。令

$$\mathrm{PIN}'=\begin{cases}\mathrm{PIN}\parallel\alpha[0]\parallel\cdots\parallel\alpha[\min\{5,15-\ell\}],&\ell<16\\\mathrm{PIN},&\ell=16\end{cases}$$

令 $\ell'=\min\{16,\ell+6\}$。令

$$\kappa=\begin{cases}\mathrm{PIN}'\parallel\mathrm{PIN}'\parallel\mathrm{PIN}'[0:1],&\ell'=7\\\mathrm{PIN}'\parallel\mathrm{PIN}'[0:15-\ell'],&8\leqslant\ell'<16\\\rho,&\ell'=16\end{cases}$$

$$\rho' = \rho[0:14] \| (\rho[15] \oplus b(\ell'))$$

其中 $b(\ell')$ 为 ℓ' 的 8bit 二元表示。则

$$E_{22}(PIN, \rho, \alpha) = A_r'(\kappa, \rho')$$

2. 认证

蓝牙实体中的认证使用质询-响应方式，通过两步协议使用对称算法对被验证设备的密钥进行检测。该过程如图 2-35 所示。

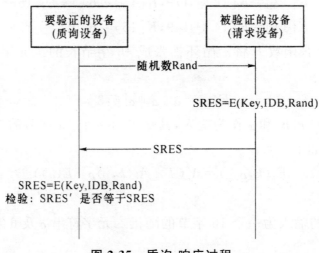

图 2-35　质询-响应过程

那么到底 SRES 是怎么计算出来的呢？假设一对正确的被验证设备/验证设备使用相同的链路密钥，如 Key 在质询-响应方案中：

①验证设备使用随机数 $AU\text{-}Rand_A$ 向被验证设备发出质询，要求对随机输入 $AU\text{-}Rand_A$（又称为质询）计算 SRES 值。

②被验证设备根据算法 E_1，以及验证设备发送过来的 $AU\text{-}Rand_A$、自己的设备地址 BD_ADDR_B 和链路密钥 Key，计算 SRES，然后将 SRES 发送到验证设备上。

③验证设备自己也计算一个 SRES′，计算方法与 SRES 相同，然后比较 SRES′ 和 SRES 是否相同。如果相同，则认证成功。如果不同，则认证失败。

整个过程如图 2-36 所示。

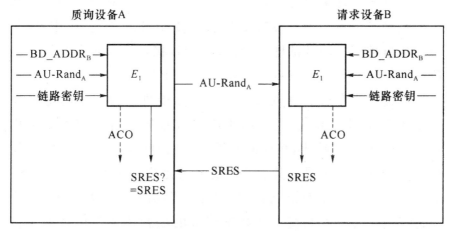

图 2-36　详细认证过程(质询-响应过程)

2.2.5　蓝牙开发与测试

没有蓝牙开发就不会有蓝牙产品,没有蓝牙测试就不会有合适的蓝牙产品。研制符合蓝牙规范和蓝牙协议产品的过程称为蓝牙开发与测试。

1.蓝牙开发过程

蓝牙开发过程步骤如下:

①开发之前要先熟悉相关的蓝牙规范和蓝牙协议,因为它们是进行认证的依据。需要说明的是,蓝牙规范的核心部分内容相当丰富,没有必要全部了解,但对于和自己研发产品相关的蓝牙协议和规范,必须认真研读。

②仔细研究开发的产品是否符合协议的要求,并调研同类产品的现状,查看网络上公布的新产品,蓝牙网站有"通过认证的产品"专栏。

③制定开发规范,建立开发平台,创造开发环境,选好开发工具。由于产品开发涉及的范围广泛,需要事先规范,在时间上留有余地,在开发过程中对不确定因素要有应对措施。开发工具包

括一个蓝牙硬件接口部件和一个软件部件,每一对节点将建立起一个链路。节点数量的多少由应用的复杂程度决定,应用越广,节点数目越多。硬件部件有 PC 卡、USB 接口、UART、开发工具等,按需要选用,也可以自己开发硬件部件。

④进一步考虑具体的技术细节。如硬件选择时需考虑开发后是用于计算机系统,还是用于嵌入式系统。若是前者则选用 PC 卡、USB 等已够用,相应的开发工具也简单;若是后者,需选用较为复杂的开发工具。其次考虑的问题是应用中有无语音要求?有一些开发系统没有语音接口,对于需要语音应用功能的,就不能选择这一类开发系统。在数据传输的场合还要考虑数据传输速率,例如,不足 100kbps 的传输,可选用 UART 连接器;而全速率的数据应用,需用 USB 接口。

⑤确定协议栈的开发层次,蓝牙模块的简单复杂程度。决定了提供接口的多少。最简单的模块只带一个基带控制器,仅提供无线接口。在决定使用一个协议栈以前,需要细心察看协议栈的提供能力,因为并不是所有的协议栈都具备规范中给出的所有功能。

⑥关于协议栈的硬、软件实现问题,最好能选用同一厂家的产品,这样兼容性能较好。蓝牙认证和蓝牙测试是一种保护机制,它能保证蓝牙产品具备互操作性。不同的开发人员尽管对蓝牙协议的理解不同,开发的产品可能存在一些差别,但通过认证与测试,就能实现互操作,因此无论硬件还是软件,设计时都需要留出接口。

2. 蓝牙硬件模块开发

蓝牙按硬件层次可划分成无线层、基带层和链路管理层。每一层次有不同的职责和分工。无线层用于完成频率合成、位(bit)到符号的转换、符号的收发。基带层用于完成编码与解码、加密与解密、分组处理和跳频频率的生成与选择。链路管理层用于完成连接并管理链路。

（1）单芯片蓝牙模块

把不同功能的模块集中到一个芯片上的技术，称之为片上系统技术。片上系统通常包括蓝牙基带核心、微处理器、HCI、语言处理、测试等模块。片上系统既可以集成一片，又可以使用各模块组装实现。

（2）蓝牙基带核心模块

蓝牙基带核心模块由片外接口、分组首部、数据路径 3 个部分组成。

片外接口部分与模块外界完成信息交流，主要有三大接口：比特流接口，分为输出 TX 比特流、输入 RX 比特流；无线控制接口，用于无线信号传输；可编程序接口，用于与计算机三总线连接。

分组首部部分实现信息的处理，处理内容有：对收到的位（bit）流定时提取或恢复其符号、FEC 处理、解析处理、CRC 校验、加密和解密处理等。

数据路径部分在数据传送路途上按协议要求实现对信息的接理或加工。它们包括共享 RAM 仲裁、时钟发生器、跳频频率发生器、可编程序序列发生器、链路管理序列发生器。

蓝牙基带核心模块能实现蓝牙基带所有的实时处理功能，蓝牙规范的处理过程已制成固件，置于 Flash 中，运行时装入 RAM。

（3）无线收发模块

无线收发模块由锁相环（PLL）、发生器和接收器 3 个部分组成，如图 2-37 所示。锁相环可由发送和接收共享。数据收发特征如下：

①数据发送和接收在不同时刻进行。

②分组类型不同，发送、接收时刻不同。

③在给定时间内，允许 PLL 在不同载波频率跳变。

发送器内有一个认可 VCO 调制的倍频器，在 0dBm 发送电平时不提供 RSSI 电路。接收器内含一个低噪声变换的混频器、一个中频放大器、一个高放大倍数的放大器和一个鉴频器,使用外差接收方式。

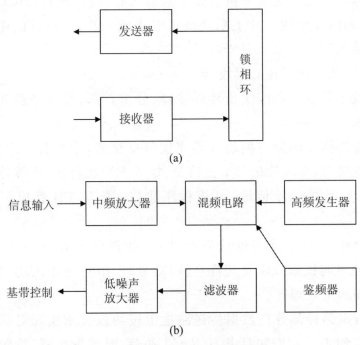

图 2-37　无线收发模块

(a)无线收发;(b)接收器

(4)其他功能模块

存储器:存储器主要有 Flash 和 SRAM,Flash Memory 中存放着基带层、链路管理层的所有软件程序,形成了物理模块与高层的通信通道。SRAM 起 Cache 功能,运行时逐段接纳来自 Flash 的程序。

CPU:CPU 负责处理蓝牙比特流调制或解调后的所有位,同时还统一指挥协调收发器、语音编/解码的工作。可供选择的微处理器有 8051、ARM 处理器等。

USB 接口:和 UART 接口 USB 和 UART 提供前往 HCI 传输层的物理接口。

3.中间协议层开发

蓝牙协议栈中间层由 TCS(电话通信协议)、SDP(服务发现协议)、RECOMM(串口仿真协议)、L2CAP(逻辑链路控制和适配协议)等组成。

(1)开发要求

由于协议栈是一个用户见不到的软件,那么对中间协议层开发的基本要求是开发一个用户能看到的接口,通过这个接口让用户能使用协议资源,完成配置,实现通信。为了达到这一目的,这个接口的设计有以下一些基本要求:

①支持不同的硬件平台。中间协议层既然是以软件的成分出现在计算机系统中,那么在主机设备上运行的这个软件必然是主机运行的一个组成部件,事实上它常以主机栈的名称出现。由于不具备高级语言程序才有的与计算机类型无关的特征,那么主机栈像汇编程序一样依赖操作系统和硬件资源,不同种类的计算机系统有不同的主机栈,这就要求中间协议层的用户接口必须适应不同品牌的计算机。

②确定目标的用户类型。如果目标不确定,用户模型无法建立,用户接口将无从谈起。

③照顾到传统应用,兼顾现有的协议。目前有很多定型的电子产品已经适应了非蓝牙的应用环境,对于这些传统应用,不能一味放弃,放弃了它也就意味着放弃了市场。但是,要把这些非蓝牙的传统应用统一到蓝牙应用环境中来,是极为困难、也是风险很大的一件事,只能要求用户接口兼顾到传统应用和现有的协议。

④建立一些优化指标。优化指标主要包括源码数量要最小、可靠性高等。

(2)开发过程中的有效措施

①维护操作系统的独立性。在操作系统和中间协议层之间设计虚拟操作系统接口。使用虚拟接口,能使蓝牙主机栈有更大的适应能力,并且使用和移植都不需要修改主机栈的源码。主机

栈也能直接用在诸如 UNIX、Windows 等通用操作系统中。主机栈还能移植到像单线程操作系统等一类最基本的操作系统中。

②保证硬件电路的独立性。为了保证各硬件电路相对独立，有效的做法之一是在中间协议层之下的 HCI 接口附加串行接口层，以适应串、并行传输数据的需要。

③提供应用程序接口（API）。中间协议层必须提供丰富的 API 接口，这样对于应用层设计人员来说，无需对蓝牙非常熟悉也能开发基于蓝牙的应用。API 的功能性越强，协议栈的移植性能越好，越容易将蓝牙应用嫁接到传统的非蓝牙系统上。

④在协议栈软件中设置管理模块。有了管理模块，有利于管理和协调协议栈各层次的职能。

按照上述开发要求所确定的中间协议层及其接口如图 2-38 所示。

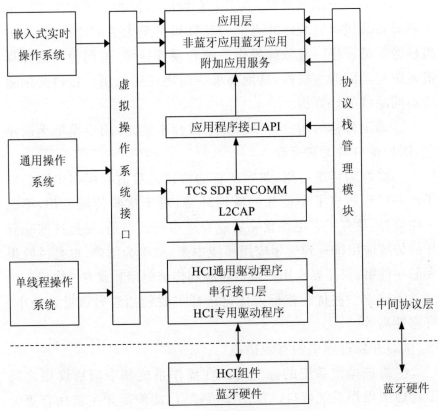

图 2-38　蓝牙中间协议层及其接口

4. 蓝牙协议的验证与测试

（1）协议验证方法

协议的形式化描述中很可能有错误，比如死锁、不可达状态等，在一个较大的系统中，这些错误都很难发现。为解决这个问题，有必要对协议的形式化描述进行验证检查，以发现其中隐藏的问题。协议的描述一般存在于一个特定的环境中，因而协议验证也只能在一定的环境中进行。

协议验证有以下两大目标：

①发现协议中应该避免的错误动作，如死锁、活锁、动态错误和未指定的接收等，以保证协议描述的内部逻辑正确，即协议的内部检查。

②验证协议能完成既定服务，即协议的外部检查。有的文章将协议的内部检查称为证实，而协议验证只包括协议的外部检查，但是，如果不清楚协议应该完成的服务，则无法判断协议的逻辑正确性。

上述两个目标是紧密结合在一起的，因而本文中的协议验证包含以上两个方面。

从协议验证的实施方法角度，可以将其分为静态分析验证与动态分析验证，下面分别介绍。

①静态分析验证。静态分析验证是指不需要执行所描述的功能，而对协议描述进行静态分析，检查协议描述中系统定义是否正确、完全，验证数据类型和参数的定义是否一致，系统定义中有没有未定义的引用，有没有未使用的系统部件，等等。

静态分析验证不但效率相当低，而且只能证明协议描述在语法上是正确的，不能证明它所提供的服务是正确的，只相当于编程语言刚刚编译成功，还没有运行，因此还有大量的错误有待于在运行时发现，这就需要动态的验证方法来证明协议描述在逻辑上的正确与否。

②动态分析验证。动态分析验证需在系统的执行过程中进

行,从而动态地发现系统描述的错误,判断协议能否提供所需服务等。动态验证面向系统两个方面的特性:

a. 判断系统描述中定义的功能是否与用户需求一致,在执行过程中,通过表征系统行为的断言和常量的值来评估系统,这些断言和常量与具体系统有关,需要单独设计。

b. 是许多系统中均具有的普通特性,比如没有死锁等,这些特性均可以用自动的方法来解决。

最早出现的自动验证技术是 Duologue Matrix 理论,用来验证由一系列有限状态机之间的交互定义的协议。对于每一个状态机,计算出由初始状态到终止状态所有可能的执行序列,然后对系统所有可能的执行序列组合(每一个状态机一个序列)进行分析,并加以分类,这些组合可能是不可执行的(这个序列组合不可能同时发生)、可以无误执行的,或者是引起错误的。分析过程中会发现两种错误,即死锁和接收错误,当一个状态机无法处理到来的消息时,即发生了接收错误。显然这种理论只能用来分析具有非常少通信状态机的协议,效率也很低,限制了它所能应用问题的复杂度。

基于可达性分析可以实现自动的动态验证方法。从一个初始状态开始,可达性分析可以生成并检查系统能到达的所有状态,尽管通过使用一定的算法可以生成所有可能的执行序列,但并不是状态序列的所有信息都有必要进行分析。通过可达性分析,可以发现以下几种错误:

a. 死锁:进程没有可以接收的输入。

b. 活锁:进程在几个状态之间陷入死循环。

c. 无限分支:无法停止的程序分支。

d. 不可达代码:不可能执行到的代码。

可达性分析算法有 3 种,按它们所应用系统的复杂性可分为:全搜索、控制下的部分搜索和随机仿真。

可达性分析工具的能力可以用覆盖率和验证质量来表示。覆盖率定义为所到达的状态的数目与系统全状态空间中的状态总数的比值，一个更合适的指标是所发现的错误数目与系统描述中存在的所有错误的总数的比值，但是难以定量，因为无法知道系统中到底存在多少错误。

一个简单的可达性分析验证系统模型如图 2-39 所示，这里只显示了两个可执行的协议状态机的情形。它们通过状态机间的一个通信媒介模型实现通信，多数情况下，通信媒介就是一个先进先出的消息队列，但是它应该具有协议在其中执行的环境的特性。在某些情况下，有必要使通信媒介发生消息丢失、消息受损，或者其他特性，如令牌环。在验证多层协议系统中的某一层时，这个模型必须能够准确地表示所有低层协议所提供的服务。

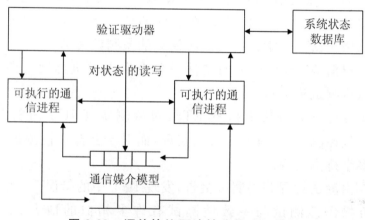

图 2-39　通信协议可达性分析验证模型

图 2-39 中的验证驱动器控制着可达性分析的进程，在一个给定系统状态下，它能够保证通过执行当前系统状态下所有可能的状态转换，从而生成所有可能的后续状态，为此它必须能够产生一定的输入，促使每一个通信进程从当前状态发生状态变迁，同时也要保证每个进程从通信媒介接收可能的消息。

（2）协议的验证与协议实现的测试

协议验证的目的是为了保证协议的一致性和完整性，发现其中的错误。协议的一致性测试则是验证协议实现是否与协议描述一致，如果一个协议描述中含有设计错误，那么当且仅当协议实现中也含有同样的错误时,此协议实现才能通过一致性测试,当协议实现与描述不同时,一致性测试不能通过。

一致性测试是验证协议实现与协议描述的符合程度。互操作性测试是一致性测试的下一步,用来确定两个或多个协议实现之间是否能够进行通信。由于互操作性测试以一致性测试为基础,下面的叙述中将主要着重于一致性测试,最后再给出互操作性测试与一致性测试的不同之处。

测试的一般步骤如下:

①研究协议规范。为规范中的每个特性书写测试目的。

②把每个测试目的转化为抽象测试项,每个 ATC 都详细地描述向 IUT 发送什么信息,期望接收什么信息,为了通过测试 IUT 必须完成什么动作,以及在怎样的情况下 IUT 未通过测试等。抽象测试项的集合构成该协议的抽象测试集 ATS。

③根据 ATS,在特定的硬件平台上实现可执行测试项 ETC 和可执行测试集 ETS。

④在协议分析仪上执行 ETS,对待测实现 IUT 进行测试。对于一致性测试,只有一个待测实现,而对于互操作性测试,则可能有多个待测实现。

⑤由测试过程获得测试报告,发现 IUT 中的错误。

互操作性测试与一致性测试有许多相似的地方,二者的 ATC 和 ATS 都非常相像,ATS 的处理和 ETS 的运行过程一样,其测试结果和测试报告也是类似的。但是这两种测试技术之间还是有一些根本区别的,一致性测试是将一个协议实现 IUT 与一个绝对的测试参量进行比较,它一次检查协议的一个特性,并提供一个测试项,以验证 IUT 有关该特性的行为,而互操作性测试则需要同时对两个或多个协议实现进行测试,验证这些通信部件能否正常互操作。

2.2.6 ZigBee 技术

ZigBee 技术是一种具有统一技术标准的短距离无线通信技

术,其特点突出,主要有低功耗、低成本、低速率、近距离、短时延、高容量、高安全、免执照频段等。

1.ZigBee 协议架构

在 ZigBee 技术中,每一层负责完成所规定的任务,并且向上层提供服务,各层之间的接口通过所定义的逻辑链路来提供服务。完整的 ZigBee 协议体系由高层应用规范、应用支持子层、网络层、数据链路层和物理层组成。其中 ZigBee 的物理层、MAC 层和链路层直接采用了 IEEE 802.15.4 协议标准。其网络层、应用支持子层和高层应用规范(APL)由 ZigBee 联盟进行了制定,整个协议架构如图 2-40 所示。

其中部分术语解释如下所示。

①PD-SAP(Physical layer Data-Service Access Point):物理层数据服务访问点。

②PLME-SAP(Physical Layer Management Entity-Service Access Point):物理层管理实体服务访问点。

③MLDE-SAP(Medium Access Control Layer Data Entity-Service Access Point):介质访问控制层数据实体服务访问点。

④MLME-SAP(Medium Access Control Sub-layer Management Entity-Service Access Point):介质访问控制子层管理实体服务访问点。

⑤NLME-SAP(Network Layer Management Entity-Service Access Point):网络层管理实体服务访问点。

⑥APSDE-SAP(APS Data Entity-Service Access Point):应用支持子层数据实体服务访问点。

⑦APSME-SAP(APS Management Entity-Service Access Point):应用支持子层管理实体服务访问点。

(1)物理层

IEEE 802.15.4 提供了图 2-41 所示的两种物理层的选择(868/915MHz 和 2.4GHz),物理层与 MAC 层的协作扩大了网络应用的范畴。这两种物理层都采用直接序列扩频（DSSS）技术，降低了数字集成电路的成本，并且都使用相同的帧结构，以便低作业周期、低功耗地运作。

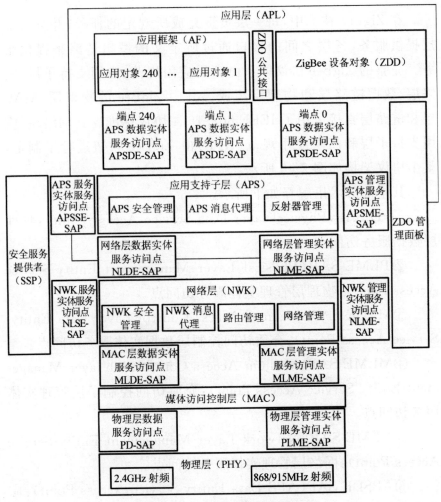

图 2-40　ZigBee 协议栈结构

①物理层参考模型。物理层参考模型如图 2-42 所示。

②物理层帧结构。不同设备间的数据和命令以包的形式互相传输。包的普通结构如图 2-43 所示。

物理层协议数据单元（PPDU）数据包由 3 个部分组成：同步

头（SHR）、物理层帧头（PHR）和物理层有效载荷，如图 2-44
所示。

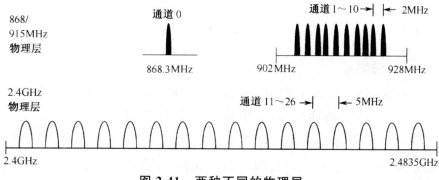

图 2-41 两种不同的物理层

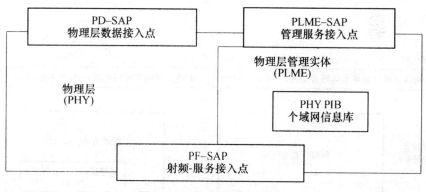

图 2-42 物理层参考模型

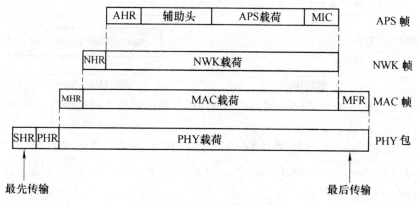

图 2-43 ZigBee 的包结构

字节数:4	1	1		可变长度
引导序列	帧起始分隔符	帧长(7 位)	预留(1 位)	物理层数据包
同步头		物理层帧头(PHR)		有效载荷

图 2-44　物理层 PPDU 帧格式

（2）网络层

在 ZigBee 协议架构中,网络层（NWK 层）位于 MAC 层和应用层之间,提供两种服务:数据服务和管理服务,如图 2-45 所示。网络层数据实体（NLDE）负责数据传输,NLDE 通过网络层数据服务实体服务接入点（NLDE-SAP）为应用层提供数据服务数据。管理实体（NLME）负责网络管理,通过网络层管理实体服务接入点（NLME-SAP）为应用层提供管理服务并维护网络层信息库（NIB）。

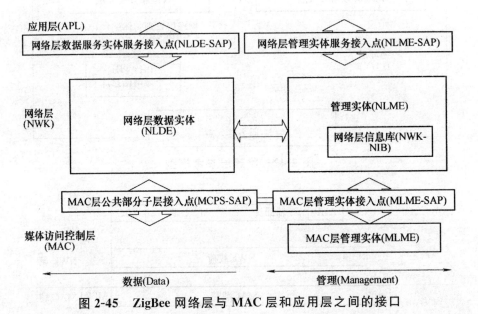

图 2-45　ZigBee 网络层与 MAC 层和应用层之间的接口

①网络层参考模型。网络层提供两个服务,通过两个服务访问点（Service Access Point,SAP）访问。网络层数据服务通过网络层数据实体服务访问点（NLDE-SAP）访问,网络层管理服务通

过网络层管理实体访问点（NLME-SAP）访问，这两种服务提供
MAC 与应用层之间的接口，除了这些外部接口，还有 NLME 和
NLDE 之间的内部接口，提供 NWK 数据服务。图 2-46 描述了
NWK 层的内容和接口。

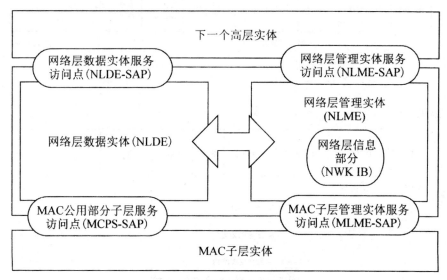

图 2-46　网络层接口模型

在同一网络中的两个或多个设备之间，通过网络层数据实体
提供的数据服务传输应用协议的数据单元（APDU），NLDE 可以
提供以下两种服务：

a. 给应用支持子层 PDU 添加适当的协议头，形成网络协议
数据单元（NPDU）。

b. 根据拓扑路由，把网络协议数据单元发送到目的地址设备
或通信链路的下一跳。

②网络层帧结构。普通网络帧结构如图 2-47 所示，网络层的
帧结构分为两个部分：帧头和负载。帧头是表征网络层特性的部
分，负载是来自应用层的数据单元，所包含的信息因帧类型不同
而不同，长度可变。

网络层将主要考虑采用基于 Ad Hoc 技术的网络协议，应包
含以下功能：拓扑结构的搭建和维护，命名和关联业务，包含了寻

址、路由和安全;有自组织、自维护功能,以最大程度减少消费者的开支和维护成本。

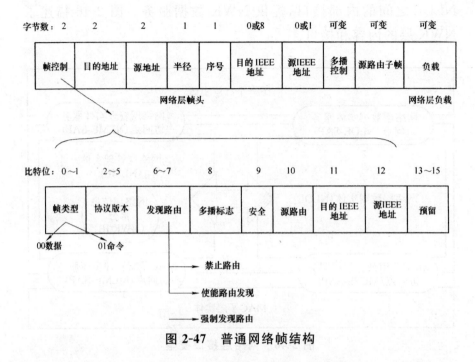

图 2-47 普通网络帧结构

ZigBee 网络针对时延敏感的应用做了优化,通信时延和从休眠状态激活的时延都非常短。设备搜索时延典型值为 30ms,休眠激活时延典型值是 15ms,活动设备信道接入时延为 15ms;上述参数均远优于其他标准,如 Bluetooth,这也有利于降低功耗。

网络层通用帧格式如图 2-48 所示,网络层路由子域见表 2-1。

字节: 2	2	2	1	1	可变
帧控制	目的地址	源地址	广播半径	广播序列号	净荷
	路由子域				
网络层数据头					网络层净荷

图 2-48 网络层通用帧格式

表 2-1　网络层路由子域

子域	长度	说明
路由请求 ID	1	路由请求命令帧的序列号,每次器件在发送路由请求后自动加一
源地址	2	路由请求发送方的 16 位网络地址
发送方地址	2	这个子域用来决定最终重发命令帧的路径
前面代价	1	路由请求源器件到当前器件的路径开销
剩余代价	1	当前器件到目的器件的开销
截止时间	2	以 ms 为单位,从初始值 nwkc Route Discovery Time 开始倒计数,直至路由发现的终止

（3）应用层

ZigBee 的应用层由三个部分组成:应用支持子层、应用层框架和 ZigBee 应用对象（ZDO）。

应用层参考模型如图 2-49 所示,APS 提供网络层和应用层之间的接口,同其他层相似,APS 提供两种类型的服务:数据服务

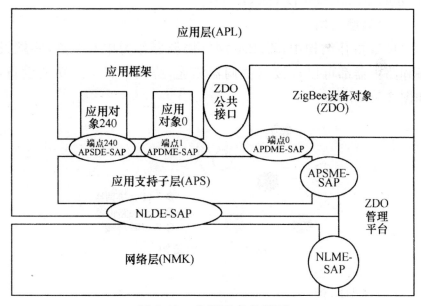

图 2-49　应用层参考模型

和管理服务。APS 数据服务由 APS 数据实体提供,通过 APSDE 服务接入点接入网络。管理服务由 APS 管理实体提供,并通过 APSME-SAP 接入网络。

应用层应用支持子层协议数据单元(APDU)帧格式如图 2-50 所示。

字节:1	0/1	0/1	0/2	0/1	可变
帧控制	目的端点	簇标示符	协议子集标示符	源端点	净荷
	地址子域				
应用层数据头					应用层净荷

图 2-50 应用层 APDU 帧格式

2. ZigBee 网络拓扑结构

ZigBee 无线数据传输网络设备按照其功能的不同可以分为两类:全功能设备(Full-Function Device,FFD)和精简功能设备(Reduced-Function Device,RFD)。

(1)星型结构

星型拓扑结构中,ZigBee 网络协调器作为中心节点,终端设备和路由器都可以直接与协调器相连,协调器属于全功能设备,如图 2-51 所示。

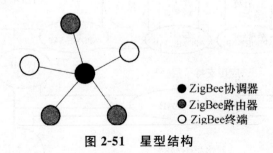

图 2-51 星型结构

(2)树型结构

树型网络拓扑是由 ZigBee 协调器、若干个路由器及终端设备组成的,如图 2-52 所示。整个网络是以 ZigBee 协调器为根组成一个树状网络,树状网络中的协调器的功能不再是转发数据,而是进行网络的控制和管理功能,还可以完成节点注册。网络末端的"叶"节点为终端设备。一般而言,协调器是 FFD,终端设备是 RFD。

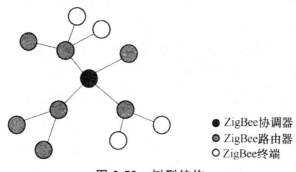

图 2-52　树型结构

（3）网状结构

网状网络是 ZigBee 网络中最复杂的结构,如图 2-53 所示。在网状网络中,只要两个 FFD 设备位于彼此的无线通信范围内,它们都可以直接进行通信。也就是说,网络中的路由器可以和通信范围里的所有节点进行通信。在这种特殊的网络结构中,可以进行路由的自动建立和维护。每个 FFD 都可以完成对网络报文的路由和转发。

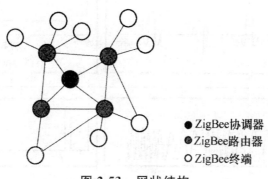

图 2-53　网状结构

2.2.7　UWB 技术

超宽带(Ultra Wide Band,UWB)无线通信是一种不用载波，而采用时间间隔极短(小于 1ns)的窄脉冲进行通信的方式，也称为脉冲无线电(Impulse Radio)、时域(Time Domain)通信或无载波(Carrier Free)通信技术。

UWB 技术主要应用于短距离高速无线网络、无绳电话、位置测定、安全检测、雷达等领域。

与蓝牙和 WLAN 等带宽相对较窄的传统无线系统不同(图 2-54)，UWB 通过发送许多小于 1ns 的脉冲，在较宽的频谱上传送极低功率的信号，实现 10m 之内数百 Mbps 至数 Gbps 的数据传输速率。由于不用载波，UWB 设备的发射/接收机系统结构简单，可直接采用脉冲小型激励天线，价格低廉。极短的脉冲持续时间(0.2～1.5ns)有很低的占空因子，系统能耗可以非常低，高速通信时仅有几十到几百微瓦，在电磁辐射和电池寿命等方面都有较大优越性。另外，由于 UWB 的物理层将信号能量分布在极宽的频率范围，信号相当于白噪声，且功率谱密度极低，难以检测，因而该技术具有天然的安全性。

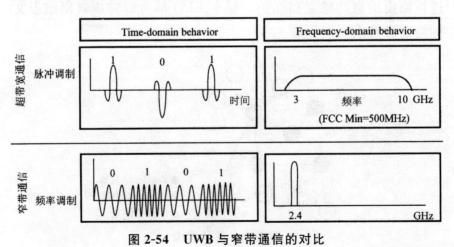

图 2-54　UWB 与窄带通信的对比

UWB 的不足之处在于：民用设备对于发射功率的限制十分严格。例如，在美国限制 UWB 在 3.1～10.6GHz 使用且不允许超过 41dB 的发射功率，无法通过提高功率扩大传输范围；另外，值得注意的是，虽然 UWB 几乎不会对其他无线设备造成干扰，但是其他带内的无线电信号容易对 UWB 信号产生干扰，UWB 必须运用伪随机编码或随机脉冲位置调制等抗干扰技术来解决这一问题。

2.2.8　Z-Wave 技术

Z-Wave 是一种新兴的基于射频的、低成本、低功耗、高可靠、适于网络的短距离无线通信技术。

Z-Wave 的协议栈（图 2-55）较为简单，底层是控制无线接入的物理层/MAC 层，传输层负责帧的完整性检查、确认及重传，网络层负责路由及向应用层提供接口。Z-Wave 使用源路由算法

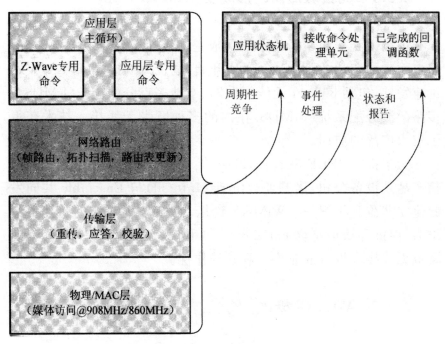

图 2-55　Z-Wave 协议栈

(Source Routing Algorithm,SRA)在网络中路由消息。SRA 要求消息的发起设备获悉网络中其他设备的拓扑信息,从而计算最佳传播路径。毫无疑问,维护网络数据库和分发网络拓扑信息是一项复杂的工作,当设备不断移动时尤其如此。为了降低成本,Z-Wave 定义了许多类型的设备,假如是最低成本设备,即从属设备,那么将不能发起消息。

2.3 无线城域网技术分析

从 20 世纪 80 年代开始,宽带无线接入(BWA)技术迅速发展。但是随着宽带无线接入的市场需求日益增长,现有的宽带无线接入技术无法满足人们的要求,于是推出了无线城域网(WMAN)。

2.3.1 无线城域网的形成及 WiMAX 论坛

可以说无线城域网技术的形成是因宽带无线接入(BWA)的需求而来的。从 20 世纪 80 年代开始,宽带无线接入(BWA)技术迅速发展,包括 802.11 无线局域网、本地多点分配业务(LMDS)、多路微波分配系统(MMDS)在内的多种宽带无线接入技术获得了较为广泛的应用。

为了推广 IEEE 802.16,2001 年 4 月 9 日,由业界领先的通信产品及设备公司:诺基亚、Harris(Intersil)与 Ensemble 共同发起建立非盈利组织——WiMAX 论坛。WiMAX 论坛的宗旨可归结为:促进和认证符合 IEEE 802.16 和 ETSI HiperMAN 标准的宽带无线接入设备的兼容性和互操作性。

2.3.2 WiMAX 概述

WiMAX(Worldwide Interoperability for Microwave Access)

是 IEEE 802.16 技术在市场推广时采用的名称。

IEEE 802.16 工作组先后发布了 IEEE 的 802.16—2001、802.16a、802.16c、802.16d、802.16e、802.16f、802.16g、802.16h、802.16i、802.16j、802.16k、802.16m、802.16n 和 802.16p 等系列标准。其中主要标准的演进路线如图 2-56 所示。

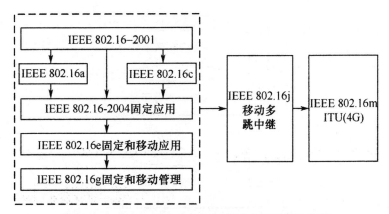

图 2-56　IEEE 802.16 主要标准规范演进路线

目前 IEEE 802.16 主要涉及两个标准:固定宽带无线接入标准 802.16—2004(802.16d)和支持移动特性的宽带无线接入标准 802.16—2005(802.16)。

IEEE 802.16 无线通信标准的典型应用如图 2-57 所示。

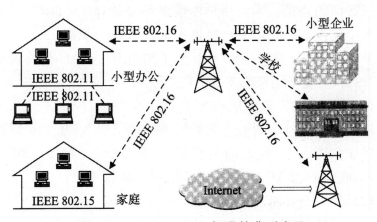

图 2-57　IEEE 802.16 标准的典型应用

2.3.3　WiMAX 协议模型

IEEE 802.16 标准协议模型（图 2-58）定义了介质访问控制层（MAC）和物理层（PHY）协议结构。

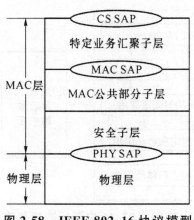

图 2-58　IEEE 802.16 协议模型

1.介质访问控制层

WiMAX 中的通信是面向连接的。来自 WiMAX MAC 上层协议的所有服务（包括无连接服务）被映射到 WiMAX MAC 层 SS 与 BS 间的连接。为向用户提供多种服务，SS 可以与 BS 之间建立多个连接，并通过 16 比特连接标识（CIDs）识别。

MAC 层又分为特定业务汇聚子层（CS）、MAC 公共部分子层（CPS）和安全子层（SS）3 个子层。

（1）特定业务汇聚子层

该子层提供以下两者之间的转换和映射服务：从 CS SAP（汇聚子层业务接入点）收到的上层数据；从 MAC SAP（MAC 业务接入点）收到的 MAC SDU（MAC 层用户数据单元）。

（2）MAC 公共部分子层

该子层提供 MAC 层核心功能，包括系统接入、带宽分配、连接建立、连接维护等。

（3）安全子层

安全子层主要实现认证、密钥交换和加解密处理等功能，直接与 PHY 交换 MAC 协议数据单元（MPDU）。安全子层内容较多，包括了密钥管理（PKM）协议、动态安全关联（SA）产生和映射、密钥的使用、加密算法、数字证书等。

2. 物理层

物理层由传输汇聚子层（TCL）和物理媒体相关（PMD）子层组成，通常说的物理层主要是指 PMD。IEEE 802.16 物理层定义单载波（SC）、SCa、OFDM、OFDMA 四种承载体制，以及 TDD 和 FDD 两种双工方式。上行信道采用 TDMA 和 DAMA 体制，单个信道被分成多个时隙，SS 竞争申请信道资源，由 BS 的 MAC 层来控制用户时隙分配；下行信道采用 TDMA 体制，多个用户数据被复用到一个信道上，用户通过 CID 来识别和接收自己的数据。

2.3.4　WiMAX 组网

1. WiMAX 的组网结构

IEEE 802.16 协议中定义了点对多点（Point to MultiPoint，PMP）和网格（Mesh）两种网络结构。

（1）PMP 网络结构

PMP 网络结构是 WiMAX 系统的基础组网结构。PMP 结构以基站为核心，采用点对多点的连接方式，构建星型结构的 WiMAX 接入网络。PMP 网络拓扑结构描绘的是一个基站（Base Station，BS）服务多个用户站（Subscriher Station，SS），如图 2-59 所示。

（2）Mesh 网络结构

Mesh 网络结构采用多个基站以网状网方式扩大无线覆盖区。其中有一个基站作为业务接入点与核心网相连，其余基站通

过无线链路与该业务接入点相连,如图 2-60 所示。因此,作为
SAP 的基站既是业务的接入点又是接入的汇聚点,而其余基站并
非简单的中继站(RS)功能,而是业务的接入点。

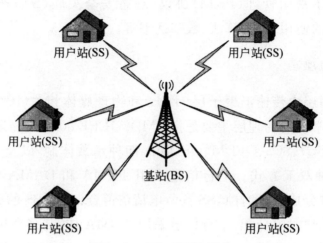

图 2-59　PMP 网络结构

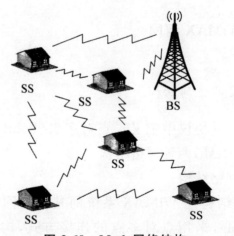

图 2-60　Mesh 网络结构

2. WiMAX 组网的核心设备

WiMAX 系统的网络结构包括 WiMAX 终端、WiMAX 无线
接入网和 WiMAX 核心网 3 个部分,如图 2-61 所示。根据所采用
的标准以及应用场景不同,WiMAX 终端包括固定、便携和移动 3

种类型。WiMAX 接入网主要指基站,需要支持无线资源管理等功能,有时为方便和其他网络互联互通,还需要包含认证和业务授权(ASA)服务器;而核心网主要用于解决用户认证、漫游等功能及作为与其他网络之间的接口。

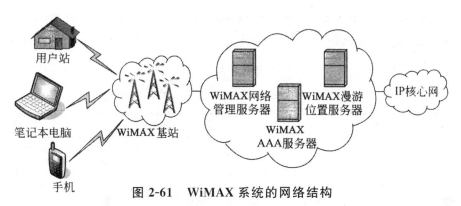

图 2-61　WiMAX 系统的网络结构

在 WiMAX 无线网络的构建中,接入网的主要组网设备是基站。这些基站分为中心站和远端站。远端站根据实际的应用位置又分为室外远端站和室内远端站。图 2-62 所示的是 WiMAX 组网的基本拓扑样式。

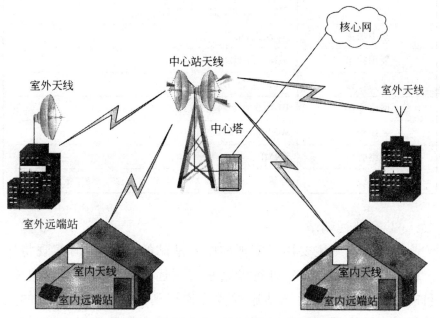

图 2-62　WiMAX 组网的基本拓扑样式

（1）中心站

中心站用于连接到核心网络，该设备一般处于 WiMAX 网络的核心，通过光纤或者其他专线连接到核心网络，同时中心站通过无线连接到远端站。一般来说，中心站的天线一般放置在位置较高的一个基站塔上，应尽量选择较高的位置，使各远端站与中心站之间保持视距。表 2-2 列出了一款 GWM3500-B 中心站设备的基本参数。

表 2-2　GWM3500-B 中心站设备的基本参数

名称	参数
类型	蜂窝点对多点系统中心站
频带范围	3400～3600MHz
信道宽度	3.5MHz,5MHz,7MHz,10MHz
空中速率	最高 50Mbps
输出功率	最大 23dBm
传输距离	视距 45km,非视距 3km
网络属性	透明网桥 802.1Q VLAN 802.1P,DHCP 客户端
调制/编码	BPSK,QPSK,16QAM,64QAM
空中加密	AES 及 DES
复用技术	TDD FD-HDD
无线传输	256FFT OFDM
网络连接	10/100 以太网接口(RJ-45)
系统配置	WEB SNMP TFTP
网络管理	SNMP
天线	外置

（2）室外远端站

室外远端站主要用于实现和中心基站的通信，同时实现将客户端连接到远端站。室外远端站是实现远程客户端通信的网关。目前一般都将室外远端站通过线缆连接到内部客户端系统的交换机或者路由器。室外远端站可以连接较多数量的客户端，其天线一般安装在建筑物的顶端,实现和中心基站的视距时通信效果最好。室外远端站在安装时应该尽量使室外天线与中心站之间保持视距。如表 2-3 列出了一款室外点对多点远端站的基本参数。

表 2-3　室外点对多点远端站的基本参数

名称	参数
类型	室外点对多点远端站
频带范围	3400～3600MHz
信道宽度	3.5MHz,5MHz,7MHz,10MHz
空中速率	最高 50Mbps
延迟	6～18ms
射频输出	最大 23dBm
传输距离	非视距 3km
网络属性	透明网桥 802.1Q VLAN 802.1P,DHCP 客户端
调制/编码	BPSK,QPSK,16QAM,64QAM
编码率	1/2,2/3 及 3/4
空中加密	AES 及 DES
复用技术	TDD FD-HDD
无线传输	256FFT OFDM
网络连接	10/100 以太网接口(RJ-45)
系统配置	WEB SNMP TFTP
网络管理	SNMP
天线	集成 15dBi 平板天线

（3）室内远端站

室内远端站是一种安装在建筑物内的远端站。此类设备一般用于距离中心站相对较近,信号质量相对较好的 WiMAX 通信中。相比室外远端站,室内远端站的速率相对较低,但是免去了在建筑物外再安装天线的过程。室内远端站是即插即用的设备,安装相对简单。室内远端站一般连接的客户端也非常少。表 2-4

列出了一款室内天线一体化远端站的基本参数。

表 2-4   室内天线一体化远端站的基本参数

名称	参数
类型	室内天线一体化远端站
频带范围	3400～3600MHz
信道宽度	3.5MHz,7MHz
空中速率	最高 35Mbps
输出功率	最大 20dBm
灵敏度	－90dBm
网络属性	透明网桥 802.1Q VLAN 802.1P,DHCP 客户端
调制/编码	BPSK,QPSK,16QAM,64QAM
编码率	1/2,2/3 及 3/4
空中加密	AES 及 DES
复用技术	TDD FD-HDD
无线传输	256FFT OFDM
网络连接	10/100 以太网接口(RJ-45)
系统配置	WEB SNMP TFTP
网络管理	SNMP
天线	内部集成

2.3.5   WiMAX 安全架构

IEEE 802.16 安全子层的协议架构如图 2-63 所示,主要由加密封装协议和密钥管理协议两类协议组成。加密封装协议主要为各类协议数据单元提供加解密服务,而密码管理协议则主要为 SS 提供密钥分发服务。

安全子层协议各模块功能如下:

①PKM 控制管理。控制所有安全组件,各种密钥在此层生成。

②业务数据加密/认证处理。对业务数据进行加解密,执行业务数据认证功能。

③控制消息处理。处理各种 PKM 相关 MAC 消息。

④消息认证处理。执行消息认证功能,支持 HMAC、CMAC,或者 short-HMAC。

⑤基于 RSA 的认证。当 SS 和 BS 之间认证策略选择 RSA 认证时,利用 SS 和 BS 的 X.509 数字证书执行认证功能。

⑥EAP 封装/解封装。提供与 EAP 层的接口,在 SS 和 BS 认证策略选择基于 EAP 的认证时使用。

⑦认证/SA 控制。控制认证状态机和业务加密密钥状态机。

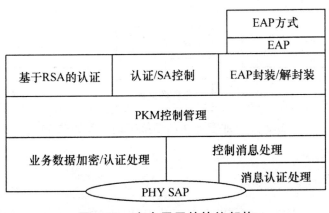

图 2-63　安全子层的协议架构

1. 数据加密协议

该协议规定了如何对在固定宽带无线接入网络中传输的数据进行封装加密。各级密钥的关系如图 2-64 所示。

数据加密协议主要为宽带无线网络上传输的分组数据提供机密性、完整性等保护。

数据加密协议定义了加解密算法、认证算法,以及密码算法应用规则等一系列密码套件。IEEE 802.16—2004 仅支持 DES-CBC 加密算法(此算法已是不安全的),IEEE 802.16e 和 IEEE 802.16—2009 同时支持 DES-CBC,以及 AES-CBC、AES-CTR、

AES-CCM 等 3 种 AES 数据加密模式,而 IEEE 802.16m 标准仅支持 AES 数据加密模式。

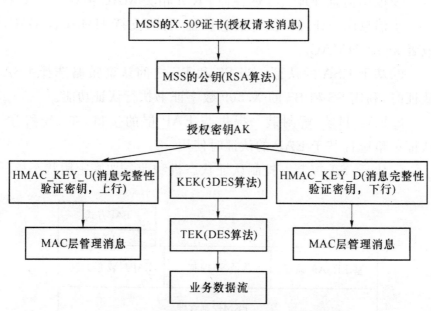

图 2-64　加密算法和各级密钥之间的关系

2.密钥管理协议

PKM 采用公钥密码技术提供从基站(Base Station,BS)到用户终端(Mobile Subscriber Station,MSS)的密钥数据的安全分配和更新,是加密层的核心内容。

目前有 3 个版本密钥管理协议:PKMv1、PKMv2、PKMv3。

(1)PKMv1

PKMv1 是 IEEE 802.16—2004 及其早前版本采用的认证与密钥管理协议,采用 X.509 公钥证书和 RSA 算法实现了 BS 对 SS 的身份认证,进而分配授权密钥(AK)和业务加密密钥(TEK)。由于实现了 BS 对 SS 的认证,因此一定程度上阻止了非法用户接入 WiMAX 网络。但是由于仅实现了 BS 对 SS 的认证,存在伪装 BS 攻击等风险。

①认证。PKMv1 主要实现 BS 对 SS 的单向认证。具体认证过程如图 2-65 所示。

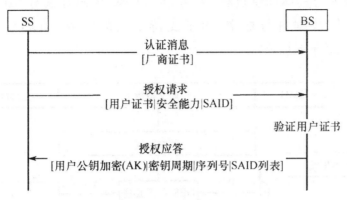

图 2-65　认证过程

在认证过程中,BS 将 SS 授权身份与付费用户,以及用户授权接入的数据服务进行关联。在 AK 协商过程中,BS 需要验证 SS 的授权身份,以及 SS 可接入的数据服务,进而能够阻止非法用户接入 WiMAX 网络,或获取相关服务。PKMv1 利用 X.509 数字证书和 RSA 公钥加密算法进行授权认证。

②密钥协商。WiMAX 通信安全保护涉及 5 种密钥:AK、密钥加密密钥(KEK)、下行基于 Hash 函数的消息认证码(HMAC)密钥、上行 HMAC 密钥和业务加密密钥(TEK)。AK 在认证过程中由 BS 激活,作为 SS 和 BS 间共享的密钥,用于确保 PKMv1 后续密钥协商过程的安全。具体密钥派生关系如图 2-66 所示。

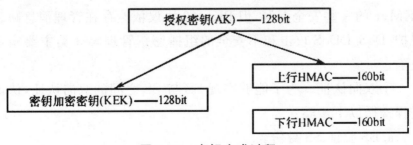

图 2-66　密钥生成过程

③数据加密。一旦认证和初始密钥交换完成,BS 与 SS 间的数据传输便可启动,采用 TEK 对各种业务数据进行加密。如图 2-67 所示为具体加密过程,采用 DES-CBC 密码算法对 MPDU 有效载荷域数据进行加密,为了支持不同的服务,帧头 GMH 和 CRC 字段都不加密。

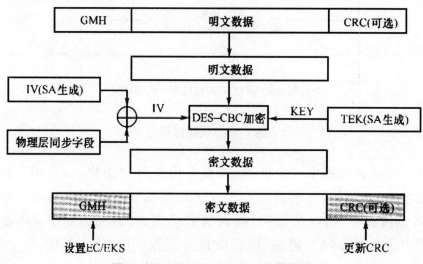

图 2-67 WiMAX MPDU 加密过程

(2)PKMv2

PKMv2 协议首先支持 SS/MS 和 BS 之间的双向认证,同时引入了基于 EAP 的认证方法,该方法具备灵活的可扩展性,支持 EAP-AKA 和 EAP-TLS 等多种认证。此外,PKMv2 协议还增加了抗重放攻击措施,以及对组播密钥的管理。尽管弥补了 PKMv1 的一些安全漏洞,但 PKMv2 协议依然存在管理消息缺乏保护、DoS/DDoS 攻击和不安全的组播密钥管理等 3 类主要安全缺陷。

①双向认证。为了能够实现 SS 与 BS 之间的双向认证,认证过程遵循以下步骤:

a.BS 验证 SS 身份。

b.SS 验证 BS 身份。

c. BS 向已认证 SS 提供 AK,然后由 AK 来生成一个 KEK 和消息认证密钥。

d. BS 向已认证 SS 提供 SA 的身份(如 SAIDs)和特性,从中 SS 能够获取后续传输连接所需的加密密钥信息。

SS 与 BS 之间的认证流程如图 2-68 所示。

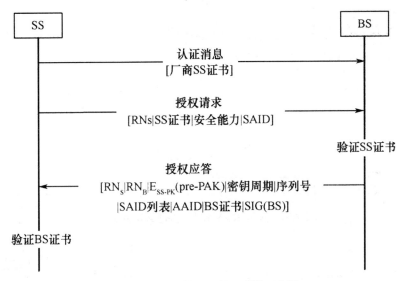

图 2-68　SS 与 BS 相互认证过程

② 授权密钥生成。所有 PKMv2 密钥派生都是基于 Dot16KDF 算法。PKMv2 支持两种双向认证授权方案:基于 RSA 授权过程和基于 EAP 认证过程。在基于 RSA 授权过程中,AK 将由 BS 和 SS 基于 PAK 生成;在基于 EAP 授权过程中,AK 将由 BS 和 SS 基于 PMK 生成。

如图 2-69 所示为基于 RSA 授权中的 AK 生成过程。一旦双向认证完成,BS 将利用 SS 的公钥加密域基本授权密钥(pre-PAK),并发送至 SS。Pre-PAK 与 SS 的 MAC 地址、BS 标识(BSID)一起生成一个 160bit PAK,进而由 PAK 生成 AK。

如图 2-70 所示为基于 EAP 授权中的 AK 生成过程。在 EAP 认证模式下,由 pre-PAK 生成一个 160bit 长 EAP 完整性保护密钥,用于保护第一组 EAP 交换消息。EAP 交换产生一个

512bit 主会话密钥（Master Session Key，MSK），该密钥对于认证授权审计（AAA）服务器、认证者（BS）和 SS 都是已知的。BS 和 SS 通过将 MSK 截取至 160bit 来导出成对主密钥。

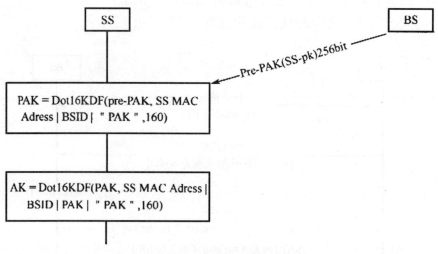

图 2-69　基于 RSA 授权中的 AK 生成过程

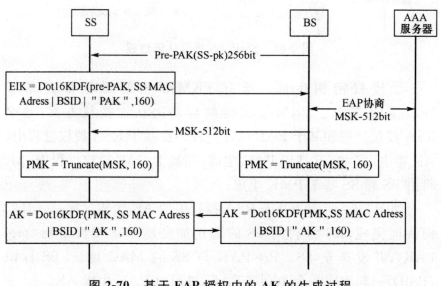

图 2-70　基于 EAP 授权中的 AK 的生成过程

　　③数据加密。PKMv2 数据加密封装主要是对管理信息和汇聚子层数据的 MAC PDU 数据的 GMH（通用 MAC 层）进行封装

加密。GMH 具体协议帧结构格式如图 2-71 所示,具体字段定义如表 2-5 所示。

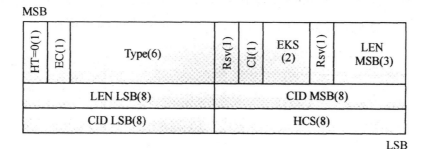

图 2-71 GMH 格式

表 2-5 GMH 字段定义

名称	长度/bit	描述
CI	1	CRC 标识,1 表示有 CRC,0 表示没有 CRC
CID	16	连接标识
EC	1	加密控制,0 表示载荷未加密,1 表示载荷已加密
EKS	2	加密密钥序列,加密所使用 TEK 和初始向量标识,只有在 EC 为 1 时有效
HCS	8	帧头校验序列,用于检测帧头错误
HT	1	帧头类型,设为 0
LEN	11	长度,MAC PDU 长度(字节),包括 MAC 帧头和 CRC
Type	6	用于标识子帧头和特殊载荷类型

(3)PKMv3

PKMv3 协议的主要目的是满足 IMT-Advanced 以及实际应用环境的安全需求。PKMv3 不仅克服 PKMv1 和 PKMv2 协议存在的缺陷,对管理消息采取了选择性机密保护策略,还删除了基于 RSA 认证的方式,只支持基于 EAP 认证的方式,增加了安全性和灵活性。

IEEE 802.16m 使用 PKMv3 协议实现以下功能:认证与授

权消息透明交换、密钥协商、安全材料交换等。PKMv3 协议提供 AMS 与 ABS 之间的双向认证,并且通过认证建立双方之间的共享密钥,利用共享密钥实现其他密钥的交换与派生。这种机制可以在不增加运算操作的基础上,实现业务密钥的频繁更换。

第 3 章　无线 Ad Hoc 网络与无线 Mesh 网络技术分析

3.1　无线 Ad Hoc 网络技术分析

无线自组织（Ad Hoc）网络又称为无线对等网络。无线 Ad Hoc 网络技术是支持普适计算及未来移动通信系统的重要技术基础，对无线 Ad Hoc 网络相关技术的研究已经成为计算机网络和通信领域中的一个热点。

考虑到 Ad Hoc 网络中对移动性的应用需求，因此本节重点对移动 Ad Hoc 网络（MANET）进行介绍。

3.1.1　移动 Ad Hoc 网络概述

移动 Ad Hoc 网络由一组无线移动节点组成，网络节点在网络中的位置是快速变化的，缺少通信链路的情况也是经常发生的。网络中任何两个节点之间的无线传播条件受制于这两个节点的发射功率，当这个无线传播条件足够充分时，这两个节点之间就可直接进行通信。假如源节点和目的节点之间没有直接的链路，那么就使用多跳路由，如图 3-1 所示。

大范围远距离传输会引起干扰，因此在如图 3-2 所示的单跳 Ad Hoc 网络例子中，使用多跳是有好处的，或者将传输范围控制在最小的范围内也是有好处的。

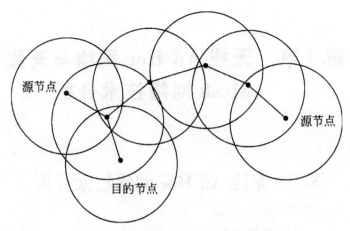

图 3-1 多跳 Ad Hoc 通信的例子

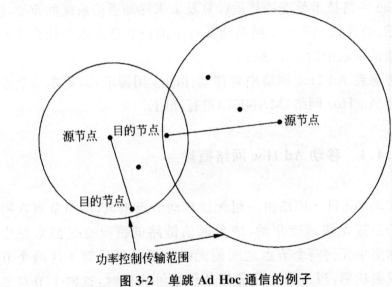

图 3-2 单跳 Ad Hoc 通信的例子

3.1.2 移动 Ad Hoc 网络的拓扑结构

通常移动 Ad Hoc 网络的拓扑结构可分两种:对等式结构和分级结构。对等式结构如图 3-3 所示,所有节点地位平等。而分级结构中,网络通常会被划分为多个簇。分级结构网络分单频分级和多频分级。单频分级网络如图 3-4 所示,所有节点使用同一频率通信。

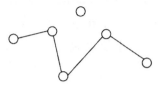

图 3-3　移动 Ad Hoc 网络的对等式结构

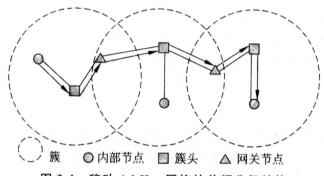

图 3-4　移动 Ad Hoc 网络的单频分级结构

3.1.3　移动 Ad Hoc 网络的协议层次

根据移动 Ad Hoc 网络的特征,协议可分层,如图 3-5 所示。具体功能描述如下。

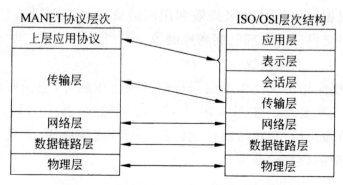

图 3-5　移动 Ad Hoc 网络的协议层次

（1）物理层

实际应用中移动 Ad Hoc 网络物理层的设计根据实际需要而定。首先是通信频段的选择，目前通常采用 2.4GHz 的 ISM 免费频段。其次，物理层必须选择相应的无线通信机制，以实现良好的收、发信功能。物理层设备可使用多频段、多模式的无线传输方式。

（2）数据链路层

数据链路层分为 MAC 子层和 LLC 子层。MAC 子层决定了链路层的绝大部分功能。多跳无线网络基于共享访问传输介质，隐藏节点和暴露节点问题常用 CSMA/CA 和 RTS/CTS 机制解决。LLC 子层负责向网络提供统一服务，以屏蔽底层不同的 MAC 方法。

（3）网络层

网络层主要功能包括邻居发现、分组路由、拥塞控制、网络互联等。一个好的网络层路由协议应满足以下要求：

①分布式运行方式。

②提供无环回路由。

③按需进行协议操作。

④可靠的安全性。

⑤提供设备休眠操作和对单向链路的支持。

（4）传输层

传输层为应用层提供可靠的端到端服务，隔离上层与通信子网，并根据网络层特性来高效利用网络资源，包括寻址、复用、流控、按序交付、重传控制、拥塞控制等。

（5）上层应用协议

上层应用协议提供面向用户的各种应用服务，包括有严格时延和丢包率要求的实时应用（紧急控制信息）、基于 RTP/RTCP（实时传输协议/实时传输控制协议）的音/视频应用、无任何服务质量保障的数据包业务。

3.1.4　移动 Ad Hoc 网络的路由协议

移动 Ad Hoc 网络的路由协议通常分为两大类：表驱动路由协议和按需路由协议。

1.表驱动路由协议

（1）目标序列距离向量协议

目标序列距离向量协议（Destination Sequenced Distance Vector,DSDV）基于 Bellman Ford 算法，是距离向量协议的一种改进方案。DSDV 的路由表项包括目标地址、到达目标节点的度量值（最小跳数）、去往目标节点的下一跳、目标节点相关序列号。DSDV 中使用了两类更新报文：完全转存和递增更新。

DSDV 路由协议示例如图 3-6 所示。

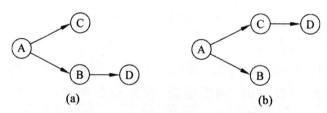

图 3-6　DSDV 路由协议示例

图 3-6(a)所示的示例中，节点 A 和 B 的路由表中到节点 D 的入口如表 3-1 和表 3-2 所示。

表 3-1　节点 A 的路由表

目标节点	下一跳	跳计数
D	B	2

表 3-2　节点 B 的路由表

目标节点	下一跳	跳计数
D	D	1

但如图 3-6(b)所示,如果当 D 移到新位置,B 到 D 的连接不再存在。如果按照传统的 DV 算法,A 和 B 相互交换各自的路由信息。此时 A 已收到 B 的更新消息,把 D 的距离设为无穷。B 与 A 相互交换路由信息后,按照传统 DV 算法,会把到 D 的距离设为 A 到 D 的距离加上 B 到 A 的距离。B 的路由信息如表 3-3 和表 3-4 所示。

表 3-3　更新前节点 B 的路由表

目标节点	下一跳	跳计数
D		∞

表 3-4　更新后节点 B 的路由表

目标节点	下一跳	跳计数
D	A	3

这样就造成了路由环回现象,无法到达真正的目标。解决方法是在每条路由记录中加入序列号,序列号由目标节点产生,每次当目标节点链路改变时,目标节点将自身的序列号加 1。节点之间交换路由信息时,如需更新,首先检查序列号的大小。如果收到的更新数据序列号比本节点的该路由记录的序列号大,则予以更新。如相同则比较路由距离;否则拒绝更新。

当网络拓扑如图 3-6(a)所示时,原节点 A、B 的路由表如表 3-5 和表 3-6 所示。

表 3-5　节点 A 的路由表

目标节点	下一跳	跳计数	序列号
D	B	2	1000

表 3-6　节点 B 的路由表

目标节点	下一跳	跳计数	序列号
D	D	1	1000

当 D 移动,B 和 D 的连接中断,B 到 D 的路由会被更新。路由更新时,序列号也被加 1,更新前后的路由表如表 3-7 和表 3-8 所示。

表 3-7　节点 B 更新前的路由表

目标节点	下一跳	跳计数	序列号
D	D	1	1000

表 3-8　节点 B 更新后的路由表

目标节点	下一跳	跳计数	序列号
D		∞	1001

当 A 收到 B 的路由更新后,其路由信息也会被更新,更新前后的路由表如表 3-9 和表 3-10 所示。

表 3-9　节点 A 更新前的路由表

目标节点	下一跳	跳计数	序列号
D	B	2	1000

表 3-10　节点 A 更新后的路由表

目标节点	下一跳	跳计数	序列号
D		∞	1001

当节点 C 与移动到新位置的 D 建立连接后,也会更新路由表,假设原序列号为 1000,C 节点更新前后的路由表如表 3-11 和表 3-12 所示。

表 3-11　节点 C 更新前的路由表

目标节点	下一跳	跳计数	序列号
D	A	3	1000

表 3-12　节点 C 更新后的路由表

目标节点	下一跳	跳计数	序列号
D	D	1	1001

由于 A 和 C 会周期性交换路由信息，当 A 收到 C 的路由更新后，在序列号相同时，则会根据 DV 算法来判断是否更新路由。显然，A 会更新路由。当 A 想发送报文给 D 时，会把下一跳信息设置为 C，这样就可成功发送。

（2）无线路由协议

无线路由协议（Wireless Routing Protocol，WRP）在网络节点[①]中保存路由信息。MRL 记录消息序列号、重传计数器、每一个邻节点正确应答所需的标识、更新消息的更新列表等信息。WRP 的优点是算法收敛快，并避免路由中的环路。但 WRP 比大多数协议需要更大内存，还依赖周期性的 Hello 消息，也要占用一定带宽。

（3）分簇网关交换路由协议

分簇网关交换路由协议（Clustered Gateway Switch Routing，CGSR）以 DSDV 为基础，但其适用于平面网络，使用了分簇路由结构和启发式路由选择机制。

2.按需路由协议

常用的按需路由协议有自组织按需距离向量协议（Ad Hoc On-demand Distance Vector Routing，AODV）、时间序列路由协议（Temporally-Ordered Routing Algorithm，TORA）、动态源路由协议（Dynamic Source Routing Protocol，DSRP）及信号稳定路由协议（Signal Stability Routing，SSR）等，这里只讨论 AODV。

AODV 是应用最广泛的按需路由协议之一，它是 DSDV 算

---

① 每个节点的路由表项信息包括距离、路由、链路开销和重传消息列表（MRL）。节点可决定何时发送更新消息及发送给哪个节点。

法的改进,但中间节点不需维护路由。AODV 中节点移动可能会导致原来路由不可用,它采用逐跳路由转发分组,同时加入了组播路由协议扩展,从路由查找回复 RREP。整个通信过程是对称的,路由可逆,所以 AODV 协议不支持单向路由。AODV 网络拓扑示例如图 3-7 所示。

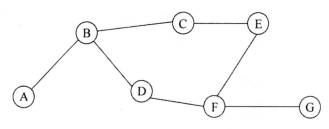

图 3-7　AODV 网络拓扑示例

在图 3-7 中,假设节点 A 要向 G 发送数据,AODV 协议会帮助其一步一步进行路由发现,直至找到 G 为止。

首先,A 会创建一个路由请求包(RREQ),广播给所有邻居节点,如图 3-8 所示。

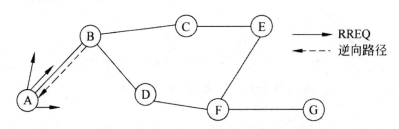

图 3-8　B 接收 RREQ 并创建逆向路由

若 B 收到来自 A 的 RREQ,会建立到 A 的逆向路由;若 B 没有到 G 的路由,则将该 RREQ 重新广播给自身的其他邻居。所有邻节点均会转发 RREQ,直到自身有到 G 的有效路由或者直接邻接 G。图 3-9 和图 3-10 展现了从 B 到 F 的 RREQ 请求过程。

RREQ 达到 F 后,F 发现有一条到 G 的路由,且其序号不小于 RREQ 中的序号,则会构造一个路由响应包 RREP 并沿逆向路由单播给 A,如图 3-11 所示。

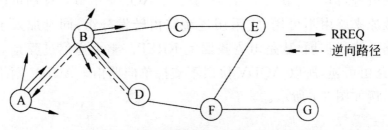

图 3-9　D 接收 RREQ 并创建逆向路由

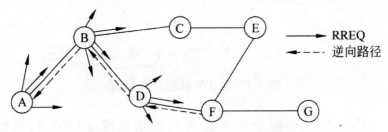

图 3-10　F 接收 RREQ 并创建逆向路由

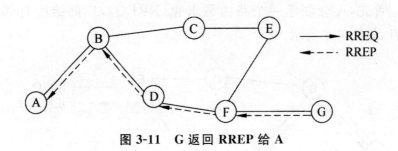

图 3-11　G 返回 RREP 给 A

整个路由发现过程完成后，A 可沿着发现的该条路由发送数据。

3.1.5　无线 Ad Hoc 网络的发展前景

通信技术发展迅猛异常，通信设备已经逐步脱离有线并且变得越来越智能了，研究人员勾勒出了一个无处不在的通信环境，任何用户都可以在任何时间、任何地点以任何方式和任何人进行通信。无线 Ad Hoc 网络可以看作是实现这一目标的重要一环。

　　无线 Ad Hoc 网络可以在独立环境下运行，也可以作为互联网或者蜂窝移动通信网的接入部分，覆盖原有网络不方便覆盖的区域，通常用在这种情况下的无线 Ad Hoc 网络只允许信息流入或流出网络，而不允许穿行其中。在不远的未来，可以预见在移动网络无法覆盖的区域，通过无线 Ad Hoc 网络的中继传输，实现真正无缝覆盖。尤其在未来的战场上，无线 Ad Hoc 网络将得到广泛的应用，对于高技术武器装备、集中指挥、协同作战和提高作战机动性方面具有非常重要的意义。

　　随着无线 Ad Hoc 网络研究深入和相关产品的成熟完善，源于军事领域的网络必将对科技进步产生重大的推动作用，其应用领域也会越来越多。

　　(1)军事领域的应用

　　在军事方面，未来的数字化战场上的作战模式将从以平台为中心转向以网络为中心，而以网络为中心的部队需要能够在地理上分散的部队组成要素(包括传感器、发射装置、决策制定者和志愿机构)之间监护信息，提高战争态势感知能力，更有效地实施作战。而对于通信网的要求就是要能够动态组网，抗破坏能力强。而无线 Ad Hoc 网络正好能够适应这样的要求。相信在军事领域，无线 Ad Hoc 网络的应用一定会层出不穷，提供信息通信优势，极大地影响未来战争。

　　(2)开放社区网络

　　目前的社区网络多是封闭的有线网络，不允许外部设备接入，而且本地设备一般也需要线缆的连接。如果能将无线 Ad Hoc 网络应用到社区网络中，不仅使得网络中所有具有无线 Ad Hoc 收发机的设备得以方便接入网络，而且允许社区架设尽量少的基础设施，就可以满足大量用户的需求。例如，社区可以通过无线 Ad Hoc 网络广播通知类的消息，可以为用户实时查询停车位、道路信息、天气预报等信息，也可以在用户设备之间实现实时的信息交互。在外来人员的设备进入社区时，还可以通过鉴权等操作许可接入社区网络，真正实现"开放"的概念，为他们提供必要的信息便利。无线 Ad Hoc 网络应用在社区网络中,可以使得整个社区内的节点成为一个无线的网状网,自组织通信,不需要社区建设过多的基础设施,而且可以通过已有的有线网络提供必要的信息。

基于无线 Ad Hoc 网络的开放社区网络一个重要问题就是对用户的授权。由于本身网络是无线的,无法做到限制非授权的用户进入网络覆盖范围,而无线 Ad Hoc 网络又是分布控制的,不像有中心节点的网络可以通过中心控制验证用户。所以做到用户鉴权,保证对非法用户的限制和授权用户的接入并不容易。可以考虑的一种方法是通过专门架设一个授权服务器节点管理用户资料,每个节点试图加入无线 Ad Hoc 网络时都必须向这个授权服务器节点发送请求,得到允许才能够进行后续的操作。

(3)跳蚤市场

传统的跳蚤市场只出现在特定的时间和地点,但是利用了无线 Ad Hoc 网络,却可以使用户在任意时间和地点都有可能成为买家和卖家。用户旅行到某一地点,可以通过自身携带的无线 Ad Hoc 网络设备搜索当地网络,根据本地所存储的用户的需求,寻找当地网络中是否存在潜在的买家或卖家。例如,用户希望买到传真机,可以将此信息储存在自己的 PDA 中,用户出差到另一个地方时,当地可能有人希望把自己的传真机卖掉,就可以通过无线 Ad Hoc 网络自行进行匹配查找,使买家和卖家都能够方便快捷地获取自己所需的信息,完成自己所希望的交易。

(4)与其他技术的结合

Ad Hoc 是一种组网方式,更多的时候无线 Ad Hoc 网络是作为其他网络的扩展和补充存在的。但这并不能说明它不重要。如果未来的移动通信运营商能够将无线 Ad Hoc 网络应用在已有的蜂窝网络边缘覆盖不完善的地方,例如,交通不便、架设基站困难的山区,海边到近海域的延伸,沙漠边缘上有人烟的地方,都可以利用无线 Ad Hoc 网络,一方面扩大网络覆盖范围,另一方面,由于大量的通信实际上集中在本地,使用无线 Ad Hoc 网络可以让这部分通信不经过基站转发,直接在无线 Ad Hoc 网络内部点对点通信,大大节约了运营商的成本。这还涉及垂直切换的问题,如果用户从蜂窝网络覆盖的区域移动到没有蜂窝网络只有无线 Ad Hoc 网络的区域,就需要发生从蜂窝网络到无线 Ad Hoc 网络的切换,同时需要鉴权等操作,同时保证低的掉话率和高的安全性。

另外,使用新的物理层技术,如多输入多输出(MIMO)技术、智能天线技术,可以使得无线 Ad Hoc 网络具备进一步提高网络容量的可能性,届时无线 Ad Hoc 网络甚至可以替代一部分有基础设施的无线网络,充分发挥无线 Ad Hoc 网络的优势,实现随时随地地接入,而不改变用户体验。

3.2　无线 Mesh 网络技术分析

无线 Mesh 网络又称为无线网状网(Wireless Mesh Network,WMN),是一种新兴的无线技术,可以为各种商业应用提供服务,如宽带家庭组网、公共网络和地区网络、协同网络管理、智能运输系统等。

3.2.1　无线 Mesh 网络的起源

无线 Mesh 网络这个名词大约出现在 20 世纪 90 年代中期以后,近几年引起了人们的特别关注。无线 Mesh 网络的出现是应用需求直接推动的结果。如图 3-12 所示,传统的基于基站方案的无线通信系统是通过"最后一公里"的无线接入,为用户提供无线接入服务。但随着无线用户数目的增加,于是出现了空间资源复用概念的蜂窝移动通信系统,大大缓解了用户业务与系统资源之间的矛盾。

无线 Mesh 网络的结构示意图如图 3-13 所示,无线 Mesh 网

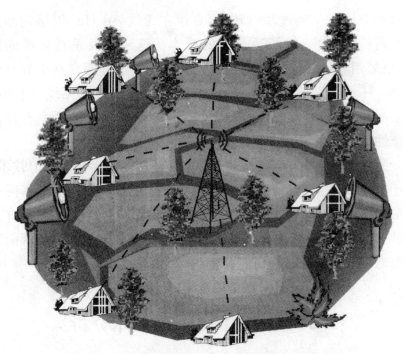

图 3-12　传统基站方案的无线通信系统

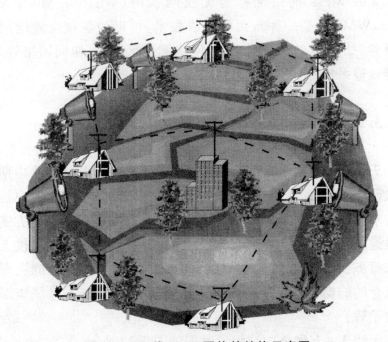

图 3-13　无线 Mesh 网络的结构示意图

络一般不是作为一个独立的网络形态存在,而是因特网核心网的无线延伸。这种方式的组网省去了网络建设初期昂贵的基础设施建设投资。

与无线 Mesh 网络最密切相关的网络技术有移动 Ad Hoc 网络、WLAN 和无线宽带接入网(Wireless Broadband Access Network,WBAN)技术(如 WMAN 和 WWAN)。图 3-14 为无线 Mesh 网络与这几种网络技术的关系示意图。

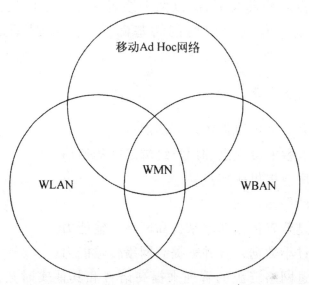

图 3-14　WMN 与移动 Ad Hoc 网络、WLAN、WBAN 的关系示意图

3.2.2　无线 Mesh 网络的组件

无线 Mesh 网络中的组件均为无线设备,主要包括用户终端、无线路由器、扩展型无线路由器、智能接入设备、移动互联交换控制设备、车载无线调制解调器等。

1.用户终端

在无线 Mesh 网络中,用户终端主要由两个部分组成:一是一个可支持 IP 协议的终端设备,例如,笔记本电脑、掌上电脑等;二是无线网卡,可以通过这个无线网卡接入该无线网络。并且,它也可以为其他用户提供无线路由器和中继器的功能,因此,用户终端是网络设备中一个关键组成部分。

随着用户终端数量的增加,网络中无线路由器的数量也随之增加,最终使用户可选择的路径数量增加。这也能够为网络的基础设施的配置节省时间和成本,同时也提高了网络的频谱利用率,从而提高了网络的容量。与此同时,由于用户终端也可以工作在点对点对等模式下,所以两个或者两个以上的用户终端也可以在不需要任何固定的网络基础设施的前提下形成一个网络。

2.无线路由器

无线路由器可以提供以下功能:

①扩展智能接入点和用户终端之间的通信范围。

②为用户提供跳接点。

③自动平衡负载。

④通过节省传输功率来提高网络传输能力。

⑤通过小数据包合并来提高网络传输能力。

⑥通过网络资源的管理来提高语音和其他实时数据通信的服务质量。

⑦为定位系统提供固定参考点。

由于智能接入点尺寸小、重量轻,因而它能够被安装在任何有电源连的地方,也可以使用电池供电,而且它可以用无线方式下载和更新软件。

3.扩展型无线路由器

扩展型无线路由器主要由无线路由器和无线网卡两个部分组成。并且,它提供了以太网口,可与网络摄像机、计算机和其他支持以太网的设备相连。另外,扩展型无线路由器具有与普通无线路由器相同的功能,包括网络路由、多点跳接、定位等功能。

4.智能接入设备

智能接入点是一个低成本、鞋盒大小的装置。它是无线网络和有线网络之间的转换节点，并可以从这里将数据通过网关传到互联网和公共电话网（PSTN）。每个智能接入点最多可提供 6Mbps 的数据传输能力，足够用来传输语音、图像和其他数据。智能接入点也支持 10/100Mbps 的以太网接口。其他接口也可以通过相应的转换装置得到支持。另外，可以通过简单地部署更多的智能接入点来适应网络容量增加的要求，而无需更多的频率和站点。此外，由于网络的"自建立性"和"自平衡性"的特点，对智能接入点位置设定的要求并不严格。

智能接入点可以提供以下功能：

①当地用户装置的移动性管理。

②通过节省传输功率来提高网络传输能力。

③通过网络资源的管理来提高语音和其他实时数据通信的服务质量。

④为定位系统提供固定参考点。

⑤为用户提供跳接点。

⑥提供从无线网络到有线核心网络的转换节点。

由于智能接入点尺寸小、重量轻，因而它能够被安装在任何有电源和能与网络连接的地方，而不需要发射塔，且它可以用无线方式下载和更新软件。

5.移动互联交换控制设备

移动互联交换控制设备负责网络的操作和管理等功能，并提供智能接入点和有线网络间的连接。移动互联交换控制设备由标准的硬件产品组成，比如网关、路由器、VoIP 网关、软交换以及各种应用服务器。移动互联交换控制设备在网络中将提供以下功能：

①3A 认证服务。

②系统内和系统间的移动性管理。

③用户服务的提供和管理。

④网络监督和报告。

⑤移动互联交换控制设备易升级并可以被配置在分布式的结构中,从而改善它的可靠性和适应性。

6.车载无线调制解调器

车载无线调制解调器是专为安装在车上而设计的无线调制解调器,它提供了以太网接口,可与网络摄像机、计算机和其他支持以太网的设备相连,从而使这些设备可以在高速移动状态下访问无线宽带网络。另外,车载无线调制解调器具有与普通无线调制解调器相同的功能。

3.2.3 无线 Mesh 网络 QoS 技术

不同的应用和不同的业务类型在网络提供的服务水平方面具有不同的需求。采用满足 QoS 机制的要求,是为了一些业务类型获得优先接入,同时,规定了丢包率、吞吐量、时延以及抖动等作为衡量服务质量的参数。

网状网络中涉及 QoS 方面的问题主要有以下两方面内容:第一,对接入网络和骨干网络上传输的混合业务(图 3-15)需要一套呼叫接纳控制(Call Admission Control,CAC)机制和区分两类业务类型的机制,以确保获得相应的服务水平。第二,在多跳上提供 QoS 保证,需要传统的二层机制,以获得端到端的流量信息,并保证服务。

CAC 在系统中的执行有两个接口,首先,应用于与 MAP 连接的用户站,平衡从用户站进入系统的数据量和在网状网中转发的流量;其次,骨干网中应用于 MAP 之间以控制系统负载。CAC 首先确定接收节点可用容量,确定接入网和骨干网业务之间的比例,最后根据业务类型(单跳或多跳)决定是否接纳接入的数据流。

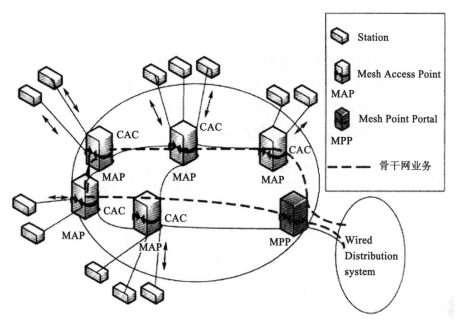

图 3-15　无线 Mesh 网络的 QoS 保证

在网状网络中，MAC 层需要确保骨干网 MAP 之间的业务拥有最低服务水平是可用的。比如可以将接入网络业务和骨干网络业务设计不同的帧间间隔，或使用 EDCA 的 IEEE 802.11e 业务区分机制，或者，MAP 可以对接入网业务和骨干网业务的带宽进行时分分配，进一步说，MAP 可实现基于服务类型的数据包的聚集和瞬时转发。例如，对高吞吐量低时延业务可以先聚集后再发送，而时延敏感业务（VoIP 等）需要瞬时转发。

为支持端到端 QoS 保证，需要引入流量控制，可使 QoS 水平在接入网络业务和骨干网络业务之间映射。流量控制和 CAC 紧密结合，前者基于流量标示，后者确定基于数据包包头的业务等级要求。沿路径不同的 MAP 上运行的 CAC 服务维护着业务流列表和它们的业务需求，并由此创建自适应服务多跳环境。作为替代使用的包头，IEEE 802.11e 流量规范（Traffic Specification，TSPEC）也可用于变换的 QoS 要求，从而使更多的精确预留。

在上述 Mesh 网络中,当确定的 MAP 业务负载较高时,负载平衡机制可用来减轻 MAP 的负载并将业务转向负载较轻的 MAP,从而避免业务延迟和由于拥塞而造成的丢包。

无线网络中提供 QoS 保证是一个广阔的研究领域。由于无线 Mesh 网络的某些特点,使得在对其提供 QoS 支持时遇到了一些与以往不同的问题,具体如图 3-16 所示。

无线Mesh网络QoS保证面临的挑战

（1）共享无线信道：无线信道是一种广播媒介,当无线电波在无线媒介中传播时,会遭受到衰减、多径传播和干涉(来自邻近的正在运行的无线设备)等一些损害

（2）隐藏/暴露终端问题：隐藏/暴露终端是自组网中难以解决的问题,这个问题将导致数据包的重传,而这对于具有紧迫QoS需求的流是比较严重的

（3）可用资源有限：无线网络中的诸如带宽、电池寿命和存储空间等,其中带宽和电池寿命是非常重要的资源,它们会对QoS支持机制产生重大影响。为了达到资源的最佳利用率,需要有效的资源控制机制

图 3-16   无线 Mesh 网络 QoS 保证面临的挑战

3.2.4   无线 Mesh 网络的安全方案——Tropos 安全模型

无线 Mesh 网络由于无线链路的应用使得它很容易受到从被动偷听到主动破坏的影响。因此,本节对无线 Mesh 网络安全方案——Tropos 安全模型进行研究。

Tropos 模型采用的安全算法经过了广泛测试和验证,具有以下特点。

①多层:利用多种安全机制在不同的网络层提供高度的安全性。

②开放并基于标准:所基于的标准经过了安全团体的广泛评估。

③可升级：当出现了新的安全威胁时，可对产品进行升级，以抵御新的攻击。

④经过了时间测试和证明：利用的安全技术都是著名的和可信的。

⑤灵活性：在共享网络资源的情况下，其灵活的安全架构可以满足不同的安全需求。

Tropos 无线 Mesh 网络可将 MN 和最终用户设备进行区别：最终用户设备一般采用单跳方式，以 802.11b/g 接入 WLAN，而 WLAN AP 则是网状基础设施的一部分。MN 采用无线连接从扩展网络连接到固定基础网络，一些 MN 也会连接到有线主干网络。从架构的角度来看，这种网状网属于封闭式网络。然而，由于终端 UN 并不是 MN，所以它们可看作是无线多跳基础网络的扩展，在实际中可访问任何类型的 WLAN 网络。

1. Tropos 模型的层次结构

如图 3-17 所示的为网状网多层安全性示意，图中 UN 采用了常见的 WLAN 安全访问机制和基于 AAA 服务器（RADIUS）支持的、802.1x/EAP 认证技术。此外，也可以使用其他采用 PSK 的 WLAN 配置。WLAN 链接可以分别采用 WPA 和 WPA2（基于 TKIP 或 AES 的第 2 层加密方式）加密，或者采用传统的 WEP 方式加密。网状节点（MN 和 GW-MN）之间的通信（如在一个回程之内）采用 AES 加密。在 MN 之间，无论用户数据还是网状结构的路由数据通信都得到了保护。在这些保护之上，还可以在 MS 和 VPN 服务器之间建立基于 IPSec 的 VPN，其中 VPN 服务器建立在固定基础网络的信任部分。这可以允许不同类型用户使用网状网（如公众访问和公共安全应用）。MS 和 VPN 服务器之间的通信分别在各自的网络内受到保护，因此整个网状网的通信都在各种保护之下。

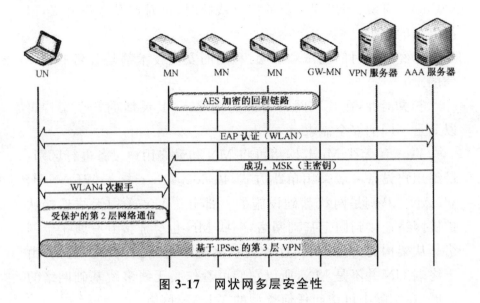

图 3-17 网状网多层安全性

（1）第 2 层安全：WEP、WPA、AES、MAC 地址接入列表和 ESSID 抑制

此层提供了有限的安全性，可用于攻破这些安全措施的技术也很多。虽然需要攻击者拥有一定的计算资源，但要用来保护敏感数据还远远不够。

①WEP。在 802.11 中，WEP 被用来提供接入控制和安全传输。WEP 的目标是应能支持自同步、计算能力强且具有可输出性。为实现这些目标，WEP 协议采用 RC4 伪随机数据产生器（Pseudo Random Number Generator，PRNG）生成密钥流，对 WLAN 中的数据流进行加密保护。由于 WEP 不提供对数据的认证功能，且 RC4 为一种对称的密钥流加密算法，因此 WEP 不使用数据完整性密钥，而只使用数据加密密钥，解密密钥与加密密钥相同。WEP 面对被动攻击非常脆弱。单独使用 WEP 显然很不明智，然而它对一个偶尔路过无线网络的黑客还是有一定的威慑作用。

②WPA。Wi-Fi 联盟推荐使用 WPA 来代替 WEP，WPA 使用更加安全的加密算法以及基于 EAP 和 RADIUS 的更加强壮

的身份验证机制,并且它还支持 802.1x 基于端口的接入控制。WPA 在 Tropos 模型中被用来提供接入控制和安全传输。WPA 既能向后兼容 WEP,又能向前兼容 802.11i。只要正确部署,WPA 就能在一段时间之内保证用户在 WLAN 上传输的数据被正确加密,而且只有通过身份认证的用户才能接入网络和解密信息。本质上是 802.11i 的一部分。

③ AES 加密的双工链路。主要是保障安全数据传输。128bit 的 AES 算法用来加密终端用户的数据,通过多跳的 WMN 传输 AES 密文,直到到达一个有线网关为止。

④MAC 地址接入控制列表。Tropos 的 WMN 路由器提供了创建和管理地址控制列表的功能,网络管理员可通过远程控制平台,在某一个路由器上创建白地址列表或黑地址列表。若创建的是白地址列表,则只有 MAC 地址在白地址列表中的客户端才能接入网络,若创建的是黑地址列表,则除了 MAC 地址在这个列表中的客户端外,其他的客户端都可以接入无线网络。但因为黑客可修改 MAC 地址,所以基于 MAC 地址的认证方式只能作为一个辅助措施来降低黑客成功侵入 WMN 的几率。

⑤ESSID 抑制。在一个期望提供公共接入的 WMN 中,无线路由器广播其自身的 ESSID 有利于客户端发现并接入无线网络。但对一个私有网络而言,接入准许被限制到一个特定的用户群体,这种情况下客户端已经知道了路由器的存在,若再广播它的 ESSID,则就相当于打开了一个潜在的安全漏洞,因为未经授权的用户也可以获知网络的可用性。Tropos 的路由器可根据需要设置是否广播 ESSID。与这一层其他安全机制一样,ESSID 抑制面对被动攻击也是脆弱的,只能有限地防止高手黑客接入私有网络的速度。

(2)第 3、4 层安全:基于地址、协议和 TCP 端口的包过滤技术

包过滤防火墙长期以来被应用在常规有线网络安全体系中,Tropos 模型把这个概念应用到了 WMN 中。在第 3、4 层引入的

包过滤技术结合第 1 层的安全措施,可有效提高 WMN 的安全性。

由此模型设计的 Tropos WMN 路由器可在无线网络的边缘使用基于源和目的地址、协议以及 TCP 端口的过滤器进行流量过滤。例如,如果一个特定集合的客户端的无线接入被限制为 Web 浏览和收发电子邮件,那么只有符合这些特征的数据包才会被路由器发送。即只有来自某一特定 IP 地址集前往另一特定 IP 地址集、使用特定 TCP 端口的流量才会被允许传递。这种方式为采用 Wi-Fi 技术的 WMN 提供了一种新粒度上的安全保护。

第 3、4 层采用的安全技术从网络接入控制、保护有线网络资源、保护无线客户端、安全配置和管理这 4 个方面保护了无线网络的安全。

(3)第 7 层安全:结合第 3、4 层包过滤的 VPN

VPN 最初的作用是在员工通过因特网接入企业内部网时,对员工进行身份验证和加密数据传输的。从无线网络接入一个有线网络面临的风险和当初通过因特网接入企业内部网所面临的风险一样,因为无线信号的传播会超过我们所期望的范围。

由于上述威胁的存在,Tropos 安全模型建议在经由 WMN 接入组织内部网时,通过启用 VPN 来提供接入控制和安全数据传输。包过滤技术和 VPN 的结合使系统安全性得到进一步加强。路由器的包过滤器可放行 VPN 数据流和往授权的 VPN 服务器传送的必要的协议流。这样,一方面通过把有线网络和 WMN 隔离的办法保护了有线网络资源;另一方面,不允许流量定向到无线客户端,也保护了客户端的安全。

2.安全管理和配置

(1)控制平面安全

保证对网络设备控制和管理的安全作为安全数据传输的补充,是很重要的一项工作。预测性的无线路由协议(Predictive Wireless Routing Protocol,PWRP)使用上述安全措施来保护路由协议,这种路由协议在路由器之间相互传送节点标识和路径选择信息。路由器仅仅使用 AES 加密后的 UDP 数据包相互交换 PWRP 信息。

(2)安全路由器管理

路由器可由一个基于 Web 的配置器来配置和监测。所有的配置数据流由 HTTPS 保护,网络管理员可远程配置单个 Mesh 路由器。

(3)管理流加密

按照这个安全模型建立起来的 WMN 中的路由器,可通过 Tropos 控制器来管理。Tropos 控制器使用代理结构,有一些路由器被配置成网关,从关联节点收集管理信息,并使用 SNMP 发送到管理服务器。由于从节点到关联网关的数据是通过无线链路传输,为防止被未授权者截获,需要使用 AES 加密数据流,如图 3-18 所示。

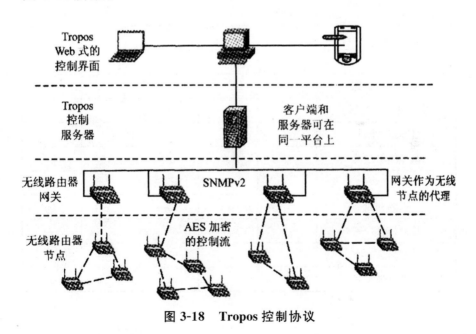

图 3-18　Tropos 控制协议

综上所述,可用图 3-19 来描述 Tropos 安全模型,该模型所采用的各项安全技术指标见表 3-13。

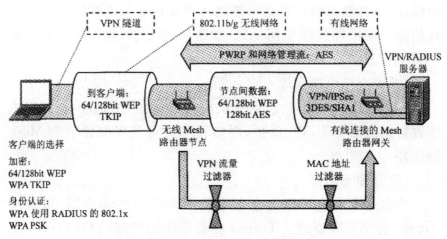

图 3-19　Tropos 安全模型

表 3-13　Tropos 安全模型的技术指标

	网络接入控制	保护有线网络资源	保护无线客户端	安全数据传输	安全配置和管理
WEP	√			√	
WPA	√			√	
AES 加密链路				√	
MAC 地址接入控制列表	√				
ESSID 抑制	√				
第 3、4 层过滤	√	√	√		√
VPN	√			√	
VPN 过滤		√	√		
控制协议加密					√
管理信息加密					√
安全管理接入					√

3.2.5　无线 Mesh 网络的应用展望

从无线 Mesh 网络应用方案中,我们可以发现无线 Mesh 网络的强大发展潜力。但在其发展进程中,仍然存在一些不足之处需要解决。例如,网络拓扑的建立费用高,随之而来的购买大量 AP 的花费也很高;当网络建成以后,可能会出现一些不可靠的连接地点,要在一个偌大的地区,查找网络的故障点为无线 Mesh 网络的管理和维护带来了很多不便。

另外,在网络建成和正常运行以后,无线业务已经不仅仅局限于语音和数据业务,而是广泛的多媒体业务,如何有效地控制大量用户的接入服务,保证 QoS,也成为了网络后期发展的拦路虎。

虽然在无线 Mesh 网络的发展道路崎岖,但仍然有着光明的前景。如针对上面的问题,已出现大量的解决方案。在用户移动终端上行流问题上:从 AP 的通信协议设计上入手,例如,提出了多信道 MAC 协议、多径路由协议等,这些专为 WMN 而量身定做的通信技术将会在 WMN 走向成熟的进程中不断充实和发展,最终可以达到不论用户的数量有多么巨大,都可以为他们提供良好的 QoS。

无线 Mesh 网络这一新兴网络不仅在无线宽带接入中有着广阔的应用空间,在其他方面如结合数据、图像采集模块可以对目标对象进行监控或数据采集,并广泛应用到环境检测、工业、交通等领域。随着其他技术的不断完善,无线 Mesh 网络更好地与之相融合、互补,从而能够取长补短发挥出各自的优势特点。无线 Mesh 网络的大规模应用,将引领我们走向新的未来,让生活因无线而精彩。

第4章 卫星网络与无线电技术分析

4.1 卫星网络技术分析

4.1.1 卫星网络的概念

卫星通信①是宇宙无线电通信的形式之一,是在空间技术、微波通信技术等基础上发展起来的。卫星网络是以人造地球通信卫星为中继站的微波通信系统。卫星通信是地面微波中继通信的发展,是微波中继通信向太空的延伸。通信卫星是太空中的无人值守的微波中继站,各地球站之间的通信都通过其转发而实现。图 4-1 所示为一个典型的卫星网络。

4.1.2 卫星网络的特点与分类

1.卫星网络的特点

作为现代化的通信手段之一,卫星网络在无线通信中占据了重要地位,与其他通信方式相比,卫星网络通信的特点如图 4-2 所示。

---

① 卫星通信是指利用人造地球卫星作为中继站,转发两个或多个地球站之间进行通信的无线电信号。这里的地球站指位于地球表面(陆地、水上和低层大气中)的无线电通信站,而转发地球站信号的人造卫星称为通信卫星。

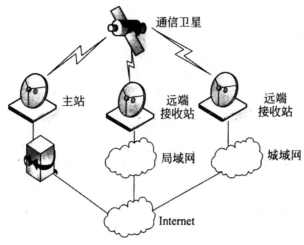

图 4-1　卫星网络示意图

卫星网络
通信的特点

（1）通信距离远，覆盖面积大

（2）机动灵活

（3）通信频带宽，传输容量大

（4）便于实现多址连接通信

（5）通信线路稳定可靠，传输质量高

图 4-2　卫星网络通信的特点

由于卫星通信具有上述优点，因此得到了长足发展。应用范围极其广泛，可用于传输电话、传真、数据、广播电视等，还广泛用于气象、导航、军事、侦察、预警及科研等领域。

此外，静止卫星通信系统在地球高纬度地区的通信效果不好，两极地区存在通信盲区，地面微波系统与卫星通信系统之间还存在着相互的同频干扰。

静止卫星组成的全球通信系统如图 4-3 所示。

2. 卫星网络的分类

目前全球已建成数以百计的卫星通信网络，卫星网络按不同的分类方式有不同的分类，如图 4-4 所示。

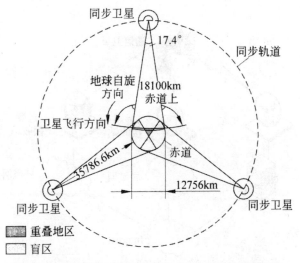

图 4-3　利用静止卫星建立全球卫星通信系统

图 4-4　卫星网络的分类

4.1.3　卫星网络的组网方式

卫星网络的组网方式有两种方式可供选择。

1.基于地面的组网方式

网络功能主要由地面网络提供。在商业卫星系统中,这种方式有全球星、ICO 等。

2.基于空间的组网方式

网络功能主要由卫星网络提供。空间组网方式中,卫星之间可以直接进行网络互联和路由,减少了星地之间的通信量,而星地间通信所依赖的信道资源往往很有限。

图 4-5 所示为著名的 LEO/MEO 卫星网络,由低轨道和中轨道卫星组成。

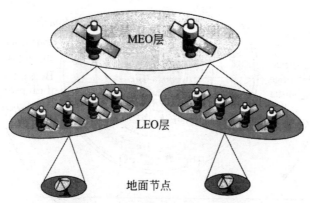

图 4-5　LEO/MEO 卫星网络结构

4.1.4　卫星网络的原理

1.卫星轨道

卫星轨道的形状和高度是确定覆盖全球所需卫星数量和系统特性的重要因素。目前,卫星通信系统采用的轨道从空间形状上看分两种:椭圆轨道和圆轨道。若按轨道高度分类,可分为以下几类(图 4-6)。

$$\text{轨道高度}\begin{cases}\text{低地球轨道（LEO）}\\\text{中地球轨道（MEO）}\\\text{静止轨道（GEO）}\\\text{高椭圆轨道（HEO）}\end{cases}$$

图 4-6　卫星轨道的分离

图 4-7 给出了各种轨道的高度比较示意图。

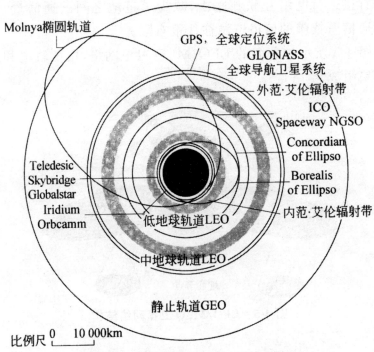

图 4-7　卫星轨道高度的比较示意图

各种轨道的参数对比见表 4-1。

表 4-1　各种轨道的参数对比

项目	低轨道	中轨道	高轨道
轨道高度/km	700～1200	8000～13000	35800
波束数	6～48	19～150	58～200
天线直径	约1m	约2m	8m 以上

续表

项目	低轨道	中轨道	高轨道
卫星信道数	500～1500	1000～4000	3000～8000
射频功率/W	50～200	200～600	600～900
卫星成本合计	高	低	中

静止轨道卫星通信技术目前使用广泛,技术成熟。

2. 卫星网络的工作过程

一个卫星通信系统中,各地球站经过卫星转发可组成多条通信线路。通信即利用这些线路完成。通信线路中从发信地球站到卫星这一段称为上行链路,而从卫星到收信地球站这一段称为下行链路。两者构成一条简单的单工线路,如图 4-8 所示。两个地球站都有收、发设备和相应信道终端时,加上收、发共用天线,便可组成双工卫星通信线路。

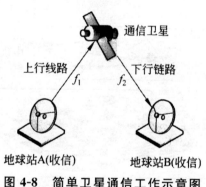

图 4-8　简单卫星通信工作示意图

卫星通信线路分为单跳和多跳两种,前者指发送信号只经一次卫星转发后就被对方站接收。后者指信号需经两次或两次以上卫星转发后才被对方接收。

3. 卫星链路

图 4-9 所示为典型卫星通信链路各部分的组成。由于卫星到

地面距离很远,电磁波传播路径很长,衰减很大,无论是卫星还是地面站收到的信号都十分微弱,所以其噪声影响非常突出。卫星链路重点考虑接收的输入端载波与噪声功率的比值。模拟卫星通信系统的载噪比决定了输出端的信噪比,数字卫星通信系统的载噪比决定了输出端的误码率。

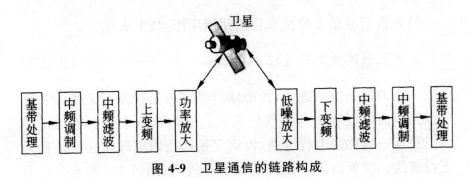

图 4-9　卫星通信的链路构成

典型的卫星链路包括以下 3 种类型的全双工链路,如图 4-10 所示。

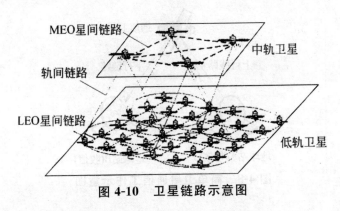

图 4-10　卫星链路示意图

星际链路的使用使得诸如铱星系统能成为一个不依赖地面通信网络的自主全球移动通信系统,能支持全球任何位置两个用户间的实时通信。图 4-11 所示为铱星系统卫星链路瞬时示意图。Teledesic 卫星系统同样也采用星间链路,如图 4-12 所示。

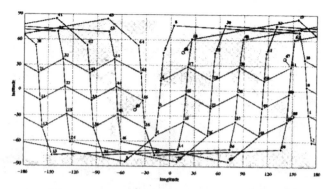

图 4-11　瞬时铱星系统卫星链路示意图

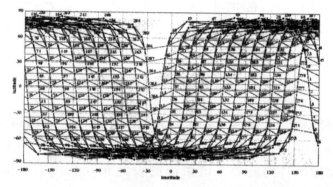

图 4-12　Teledesic 卫星链路网络示意图

4.1.5　卫星网络的应用实例

某林业局需要建立一个卫星通信的指挥系统,其中包括通信指挥车。方案要求利用卫星网络连接通信指挥车和林业局,实现通信指挥车与林业局本部的双向视频、语音和数据的交互。

该系统由多个通信指挥车和远端卫星基站组成,其中通信指挥车上安装车载卫星远端站,林业局本部安装了固定远端卫星站。车载卫星远端站和固定卫星远端站采用相同的卫星室内终端、话音终端和视频终端。车载站采用具有自动对星和跟踪功能的天线和伺服设备,固定站使用固定安装的天线。系统组成结构如图 4-13 所示。

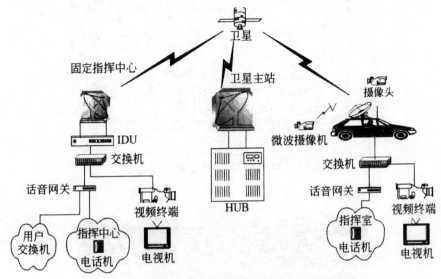

图 4-13　某林业局的卫星通信指挥系统示意图

　　卫星通信的全面覆盖,加上车载设备机动灵活的特点,可使通信指挥车在任何时间、任何地点开通并投入使用,满足用户处理紧急突发事件的需要。该系统的设计充分利用了卫星网络的优势,满足了用户的需求。

4.2　软件无线电技术分析

　　软件无线电(SDR)是一项新的通信技术,它自问世以来,就作为一种新的无线电通信理念和体制在国内外受到极大的重视。

4.2.1　软件无线电的特点

　　软件无线电的特点如下所示。

　　(1)完全数字化

　　软件无线电力图从通信系统的基带信号直至中频、射频频段进行数字化处理,它是一种比目前任何一个数字通信系统的数字化程度都要高得多的全数字化通信系统。

（2）完全可编程性

软件无线电可通过软件编程的方式来改变通信过程中的各项参数,如射频频段和带宽、信道接入方式、传输速率、接口类型、业务种类及加密方法等。

（3）集中性

多个信道共享射频前端与宽带 A/D、D/A 转换器,以获得每个信道相对廉价的信号处理功能。

（4）通用性、灵活性

可以任意改变信道接入方式、改变调制方式或接收不同系统的信号。

此外,软件无线电还具有多频段、多功能通信能力;可实现无缝连接、全球漫游,等等。

4.2.2　软件无线电的关键技术

1.射频转换技术

射频转换部分包括产生输出功率、接收信号的预放大、射频信号和中频信号的转换等。射频频段具有频率高、带宽宽两大特点,并具有接入多个波段甚至覆盖全波段的功能。射频转换技术主要包括模块化通用化的收发双工技术、多倍频宽带低噪声接收放大器技术、线性高功率放大器技术、宽带上/下变频器技术。图 4-14 所示是可编程器件构成的软件无线电接收机射频模块功能结构图。

（1）双工器

软件无线电系统需要兼容多种通信体制,其双工器应该支持频分双工（FDD）和时分双工（TDD）两种双工方式,一般采用二者的组合来实现对 FDD 和 TDD 两种双工方式的支持。图 4-15 是一个典型的 TDD 双工器和 FDD 双工器的组合方式,其中由开关控制 TDD 双工器,控制信号一般由统一硬件平台提供。两种双工器的信号输入、输出方向根据实际应用确定。在软件无线电系统兼容的通信体制中,有多种体制使用 FDD 双工方式时,要求 FDD 双工器能工作在不同的频段,支持不同的频率隔离度,为了解决这一问题,通常采用由不同的 FDD 双工器组成阵列,由多路选择器根据需要对其进行选择而实现。

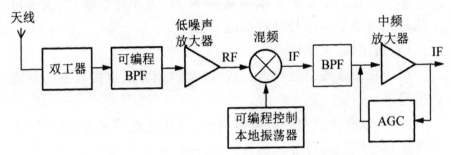

图 4-14　可编程器件构成的软件无线电接收机射频模块功能结构

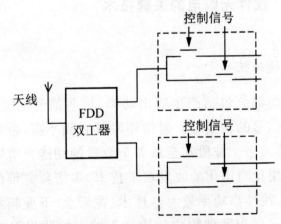

图 4-15　FDD 和 TDD 双工器的组合

(2)可编程带通滤波器

可编程带通滤波器(BPF)工作在射频频段,是可编程射频模块中最难实现的部分之一。对于接收机而言,该 BPF 在双工器之后,对接收信号进行初始滤波。对发射机而言,可编程带通滤波器位于混频器后,需要滤除本地振荡器带来的噪声和杂散分量,保证发射信号频谱在规定的范围之内。可编程带通滤波器需要有足够的灵活性,不仅要中心频率可调,而且还要通带带宽可控,或者至少要求通带带宽足够宽。

(3)低噪声放大器

由于软件无线电工作带宽非常宽,这就降低了对噪声系数的要求,因而应该选择工作范围宽的低噪声放大器。

(4)混频器

混频器是软件无线电系统中实现信号上、下变频的关键部件。对于接收端,它将接收端经过带通滤波和低噪声放大处理后的射频信号与本地振荡器的输出相乘,把不同频段的射频信号转换为统一中心频点的中频信号。对于发射端,它将发射端的中频信号与本地振荡器的输出相乘,得到所期望的各个频段的射频信号。混频器最基本的要求是有足够宽的工作频率范围。

(5)振荡器

振荡器的作用是产生提供给混频器进行模拟上下变频所需的本地信号。在软件无线电中,为了实现不同频率的射频信号与统一的中频之间的变换,需要本地振荡器给混频器提供不同频率的本振信号。对于频点较高的射频信号,需要使用锁相环将该振荡器的输出转换到所需的频点,或者进行两次或更多次混频来实现不同频段的射频信号到统一的中频信号之间的转换。

(6)中频带通滤波器

软件无线电系统中对中频带通滤波器的要求是能够在固定的中心频点工作,具有可调的通带带宽或者足够宽的通带范围。为了得到更好的滤波性能,中频带通滤波器一般选用声表面波滤波器实现。

(7)中频放大器

软件无线电系统的接收机和发射机都要求中频放大器能在特定的频点工作、具有足够的工作带宽以及放大器增益可调等。对于接收机而言,由于接收到的信号强弱范围变化很大,所以要求接收机具有自动增益控制（AGC）功能。对于发射机而言，根据发射机结构和功率控制功能实现方式的不同，中频放大器可以只对混频后的信号进行放大，或者需要同时实现发射机的输出功率控制功能。

（8）宽带功率放大器

宽带功率放大器是软件无线电系统发射机的重要组成部分，它的功能是将待发射的射频信号放大到合适的功率电平，高效地输出大功率信号。在软件无线电系统中，对功率放大器的要求有两个方面：

①要求工作频率范围足够宽，如一个能支持主流移动通信体制和宽带接入体制的软件无线电系统，要求功率放大器能在800～2500MHz之间工作。

②当发射机的功率控制功能由功率放大器实现时，要求功率放大器同时具有增益可调的功能。

2. 总线技术

软件无线电系统的硬件平台是将不同的功能模块互联起来，组成一个开放的、可扩展的硬件平台，因此，软件无线电需要进行大量的数据传输。目前技术最成熟、通用性最好且得到最广泛支持的是 VME 总线。

最早的 VME 总线是由 Motorola 公司提出的基于微处理器系统的 16 或 32 位总线，其前身称为 VERSA 总线，传输速率为40Mbps，带宽也由 32 位过渡到目前的 64 位。VME 总线功能结构可分为 4 类，即数据传输总线、优先中断总线、DTB 仲裁总线和共用总线。在相应控制机理作用下，该功能模块协调完成所需任务，其原理如图 4-16 所示。

3. 宽带多频段天线技术

理想的软件无线电系统的天线部分应该能覆盖全部无线通信频段，能用程序控制的方法对其参数及功能进行设置。对于第三代移动通信,一般认为其覆盖的频段为 2~2000MHz。目前,对于大多数系统只是覆盖不同频段的几个窗口,而不是覆盖全部频段,而利用多频段天线,采用将 2~2000MHz 频段分为 2~30MHz、30~500MHz、500~2000MHz 这 3 个波段的天线的组合,可以实现全部频段的覆盖。

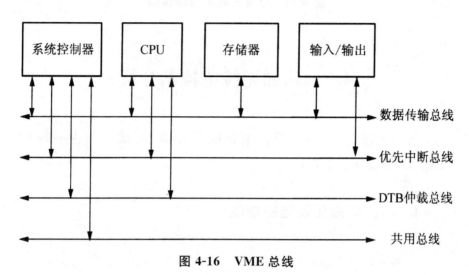

图 4-16　VME 总线

此外,软件无线电对天线设备的要求也很严格,包括放大器的线性要求,对邻道的隔离要求以及避免基带处理器的时钟频率调谐进入射频的模拟电路中去,在商用的移动通信系统中,天线应该在超高频(UHF)波段内具有相同的方向图形状和极低的损耗。

4.宽带 A/D、D/A 转换技术

软件无线电的前端是安装在天线上或靠近天线的特定部分电路,电路把信号以中频的形式传送给后端,根据各部分传递信号类型的不同,将前端进一步分为模拟前端和数字前端,软件无线电前端结构划分如图 4-17 所示。A/D、D/A 转换器处于模拟前端和数字前端之间,是沟通模拟前端和数字前端的桥梁,起到数字信号和模拟信号的转换作用。

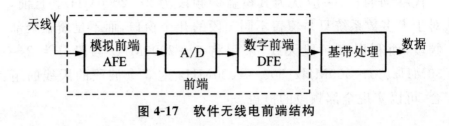

图 4-17　软件无线电前端结构

4.3　认知无线电技术分析

认知无线电（CR）也被称为智能无线电，可被看作为一种对环境极度敏感的软件无线电。

4.3.1　认知无线电的功能

认知无线电所具有的功能如图 4-18 所示。

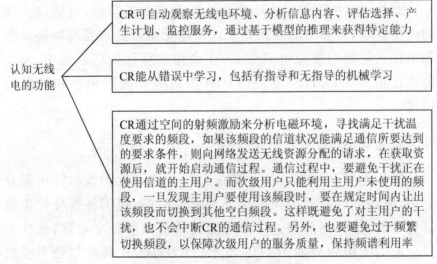

图 4-18　认知无线电的功能

4.3.2 认知无线电的关键技术

1. 频谱检测

频谱空洞是指分配给某授权用户但在一定时间和位置未使用的频谱。可将待检测频谱分为 3 种,如图 4-19 所示。

待检测
频谱
{
(1) 黑色区域,常被高能量的局部干扰占用

(2) 灰色区域,部分时间被低能量干扰占用

(3) 白色区域,仅有环境噪声而无射频干扰占用
}

图 4-19 待检测频谱的分类

通常情况下,白色区域和有限灰色区域可被等待的用户所使用。频谱检测就是寻找合适的频谱空洞并反馈至发送端进行频谱管理和功率控制。认知无线电系统中,频谱检测除检测频谱空洞外,还监测频谱状态。典型的频谱检测技术有两种:能量检测和干扰温度检测。

(1)能量检测

检测频带是否被授权用户所占用,如果接收机不能够接收到足够的主用户信息,而只收到随机高斯噪声,则需进行能量检测。需要注意的是,能量检测不能检测信号类型而仅能检测信号是否存在。

(2)干扰温度检测

通常的无线电环境以发送端为中心,发送信号功率在设计中大于某一噪声阈值。由于环境中常出现不可预测的干扰而增大噪声,影响了传输性能。认知无线电引入新的干扰度量标准——干扰温度,表征在某个频带和特定地理位置的无线电环境。使得无线电环境转变为以发送端和接收端的自适应实时交互为中心。干扰温度检测包括:准确测得干扰源导致的干扰;准确设计一个合适的干扰阈值,当引入干扰低于该值时,系统可正常工作。

2. 频谱管理

认知无线电采用动态频谱分配方案。目前的研究主要基于频谱池策略,基本思想是将一部分用于不同业务的频谱合成一个公共频带,将整个频带划分为若干子信道。其主要目的是使信道利用率最大化,同时考虑用户接入的公平性。

3. 功率控制

在多用户传输的认知无线电系统中,发送功率控制受到给定的干扰温度和可用频谱空洞数量的限制,需采用分布式功率控制来扩大通信系统的工作范围。

第 5 章　无线传感器网络技术及应用研究

5.1　无线传感器网络概述

5.1.1　无线传感器网络的概念

随着电子信息技术、网络技术的不断发展，在人们生活、工作、娱乐等方方面面均可见到无线通信技术的身影。作为无线通信中一个新兴领域——无线传感器网络（Wireless Sensor Network，WSN）也得到了长足发展，并渐渐走向集成化、规模化发展。

与此同时，传感器节点变得越来越微型化，功能却变得越来越强大，在进行无线通信的同时，还可以进行简单的信息处理。这类传感器除了监测环境中我们所需要的一些数据外，还具有对收集到的有用数据进行处理的能力，直接将处理后的数据发送到网关，有的甚至还能够实现数据融合的功能。随着电子信息技术的不断发展，无线传感器节点早已具备信息处理和无线通信的能力，就是在这样的背景下，产生了无线传感器网络。

无线传感器网络是对上一代传感器网络进行的技术上的革命[①]。早在 1999 年，一篇名为"传感器走向无线时代"的文章将无线传感器网络的这一理念传递给了很多人，此后在美国的移动计算和网络国际会议中，无线传感器的概念被提出，并预测无线传

---

① 　马祖长，孙怡宁. 无线传感器网络综述［J］. 通信学报，2004，（3）.

感器网络将是 21 世纪难得的发展领域。2003 年,美国的一家杂志在谈到未来新兴的十大技术时,排在第一的就是无线传感器网络技术;同年,美国的《商业周刊》在论述四大新兴网络技术时,无线传感器网络也被列入其中;甚至《今日防务》杂志给出评论说,无线传感器网络的出现和大规模发展将会带来一场跨时代的战争革新,这不仅体现在信息网络领域,军事领域和未来战争也会随之发生巨大变化。综上可以看出,无线传感器网络的快速发展和大规模应用,将会推动社会和科技发展,引领时代潮流。

无线传感器网络是一种特殊的无线通信网络,它是由许多个传感器节点通过无线自组织的方式构成的,应用在如战场、环境监控等一些特殊领域;通过无线的形式将传感器感知到的数据进行简单的处理之后,传送给网关或者外部网络;因为它具有自组网形式和抗击毁的特点,各个国家对其关注度都比较高。

无线传感器网络由多个无线传感器节点和少数几个汇聚节点构成,通常来说,无线传感器网络工作流程大致如下:首先使用飞机或其他设备在被关注地点撒播大量微型且具有一定数据处理能力的无线传感器节点,节点若想要激活搜集其附近的传感器节点的话,需要先激活再借助于无线方式来实现,并建立与这些节点之间的连接,从而形成多节点分布式网络,这些节点通过传感器感知功能采集这些区域的信息,经过本身处理之后,采用节点间相互通信最终传给外部网络。

5.1.2 无线传感器网络的体系结构

1.无线传感器节点体系结构

无线传感器网络系统通常包括传感器节点(Sensor Node)、汇聚节点(Sink Node)和管理节点,如图 5-1 所示。

无线传感器节点的通用结构必须以共享硬件资源为前提,能够分离一般数据链路和无线数据链路,并且能兼容多种通信协议,如图 5-2 所示。

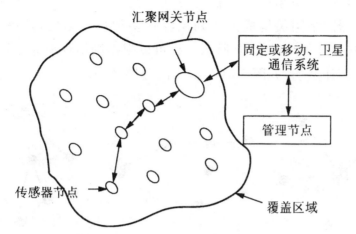

图 5-1　无线传感器网络的基本结构

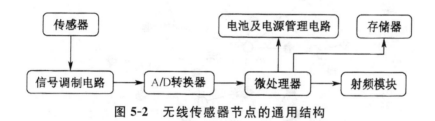

图 5-2　无线传感器节点的通用结构

无线传感器节点的组成一般都由传感器模块、处理模块、无线收发模块和能量供应模块组成(图 5-3)。

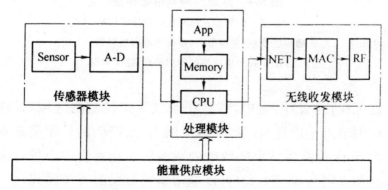

图 5-3　无线传感器节点的组成

    针对不同应用场景、布设物理环境、节点规模等在感知层内选取合理的网络拓扑和传输的方式。其中,传感节点、路由节点和传感器网络网关构成的感知层存在多种拓扑结构,如星型、树型、网状拓扑等,如图 5-4 所示。也可以根据网络规模大小定义层次性的拓扑结构,如图 5-4(d)所示的分层结构。

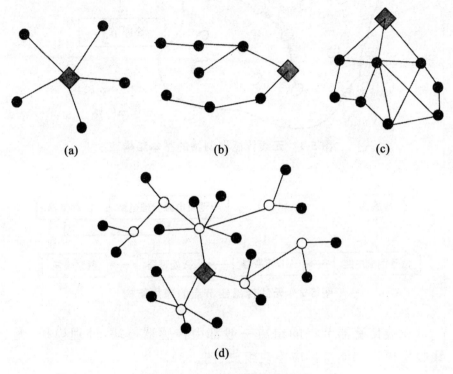

图 5-4　感知层的网络拓扑图

(a)星型;(b)树型;(c)网状;(d)分层拓扑

●传感节点/路由节点;◆传感器网络网关;

○分层拓扑中层较高的传感节点/路由节点

    在无线传感器网络中,节点任意散落在被监测区域内,这一过程中的节点是以自组织形式构成网络,最终借助长距离或临时建立的 Sink 链路将整个区域内的数据传送到远程中心进行集中处理。如果网络规模太大,可以采用聚类分层的管理模式,图 5-5 给出了无线传感器网络体系结构一般形式的描述。

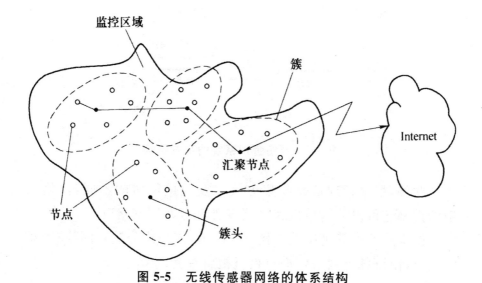

图 5-5　无线传感器网络的体系结构

2. 无线传感器网络管理体系结构

任何一个系统都有它的结构，当然无线传感器网络管理（网管）系统也不例外，也有它自己的结构。无线传感器网络和网格结合框架可以使多个无线传感器网络接入网格，提供统一的网格服务。

为了便于控制整个网络，大部分的管理站主要运用集中式管理结构，如图 5-6 所示。被管理设备中的代理进程实时地监测被管理设备的运行状态，并响应网络管理者发送来的网络管理请求，而且还要向网络的管理者发送中断或通知消息。网络管理系统的基本结构如图 5-7 所示。

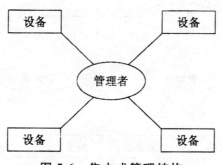

图 5-6　集中式管理结构

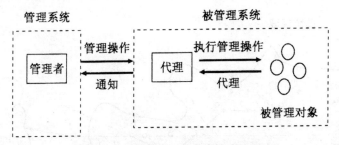

图 5-7　网络管理系统的基本结构

此外,根据管理信息收集方式以及通信策略的不同,网络管理的控制还可以分为层次式网络管理和分布式网络管理。

层次式网络管理结构如图 5-8 所示,该结构分散了网络/资源的负荷,使得各个网络管理更接近被管单元。

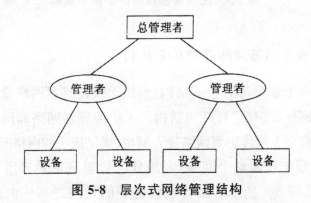

图 5-8　层次式网络管理结构

分布式网络管理结构如图 5-9 所示,该结构完全分离了网络/资源的负荷,使网络管理系统的规模大小可按照需要任意调整。

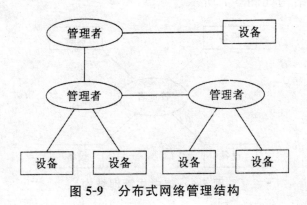

图 5-9　分布式网络管理结构

5.2　无线传感器网络的路由协议

5.2.1　无线传感器网络的路由协议概述

无线传感器自组网中的一个核心环节就是设计无线传感器网络的路由协议。提供高服务质量和公平高效地利用网络带宽为 Ad Hoc、无线局域网等传统无线网络的首要目标,避免产生通信堵塞的同时使网络流量处于一个均衡水平,可以看出,此类网络的重点不是能量消耗。

和传统 Ad Hoc 网络路由协议比起来,无线传感器网络路由协议有其固有的特点。传感器网络以数据为中心,其关注重点不是具体哪个节点获取的信息而是监测区域的感知数据,因此,多个传感器节点到少数汇聚节点的数据流会包含在传感器网络中,消息的转发路径将会以数据为中心得以形成。鉴于节点间的数据冗余处于较高水平,传感器网络的路由机制需要与数据融合技术配合使用,要求路由协议具有良好的数据汇聚能力,通过通信量的减少而降低能量的消耗。在多数应用中,大多数节点在部署后会保持固定。

因此,在无线传感器网络环境中,常规路由协议不再适用,以下几点体现了无线传感器网络路由协议的设计中存在的一些新的问题。

①节点没有统一的标志。由于无线传感器网络中节点数量巨大,节点间的数据交换是采用广播式的通信方式进行的。

②能量受限。无线传感器网络的一个重要特征便是能量受限。因此,无线传感器网络路由协议的设计要尽可能地节约能源,与此同时,还要延长网络生命周期。

③面向特定应用。在无线传感器网络中,满足每个特定应用

是无线传感器网络的通信构架及其所采用路由协议设计的出发点。

④频繁变化的拓扑结构。在无线传感器网络中,人们几乎不会对传感器节点进行维护,故一旦出现节点损坏的情况,网络拓扑要随之发生变化。

⑤容错性。传感器节点易失效,路由协议必须具备良好的容错性,这样才能有利于新链路的形成。

⑥可扩展性。传感器节点数量巨大,为了适应相应的应用环境需要路由协议具有可扩展性。

⑦连通性。由于网络节点失效,想要准确预测网络拓扑和大小的变化难度很大,因此就要求路由协议必须要保证节点的连通性。

⑧数据融合。传感器节点产生的数据冗余度处于较高水平,因此数据融合功能是路由协议必须具备的。

⑨服务质量(QoS)。如视频应用等许多应用中,应用要求的服务质量都是路由协议必须要满足的。

⑩安全机制。路由协议容易受到安全威胁,因此安全机制必须要考虑在内,特别是在对安全要求比较高的军事应用中。

针对以上内容,在设计过程中,以下要求是传感器网络路由机制需要得以满足的,即能量高效、可扩展性、具有鲁棒性和快速收敛性。

5.2.2 洪泛式路由协议

洪泛式路由协议是一种传统的路由协议,其中,最常见的是Flooding 路由协议和 Gossiping 路由协议。

1. Flooding 路由协议

Flooding 路由协议实现起来几乎没有任何难度,在无需维护网络的拓扑结构的同时也不用计算相关路由,节点产生或收到数据后向所有邻节点广播,数据包直到过期(无线传感器网络中数据包的生命周期 TTL 一般预先设定为这个数据包所转发的最大跳数或者是数据包允许在网络中生存的最长时间)或到达目的地才停止传播。例如,在图 5-10 中,假设源节点 B 需要将数据包 p 发送至汇聚节点 G,节点 B 首先将 p 的副本广播,则 p 副本达到其邻居节点 A、D、E 后,直接将 p 副本通过广播的形式转发(除去节点 B),以此类推,直到 p 到达节点 G 或到该数据包所设定的生命周期过期为止。

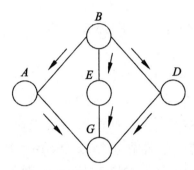

图 5-10　Flooding 路由协议

Flooding 路由协议的缺陷体现在以下几个方面。

①信息内爆。节点从邻居节点收到多份相同的数据包。如图 5-10 所示,节点 G 在接收到节点 E 转发过来的数据包副本之后,又会接收到节点 A 和节点 D 转发过来的数据包副本,这样的话就会有同一个数据包在节点 G 中出现 3 份副本的情况。

②部分重叠现象。同一区域的多个节点发送的相同数据包会被一个节点收到,这些节点所接收到的数据包副本也具有较大的相关性。

③网络资源利用不合理。每个节点做的仅仅是单纯地将接收到的数据广播出去,网络中节点能量消耗的问题并未考虑在内,不能发现下一跳节点的可行性,从而不具备自适应性,造成网络资源浪费。

2. Gossiping 路由协议

Gossiping 路由协议有效改进了 Flooding 路由协议，当数据包被传递给节点后，会将数据包广播给全部邻居节点，这点区别于 Flooding 协议，将数据包按照一定的概率随机地转发给邻居节点中不同于发送节点的某一个节点。在该方法中，有效避免了内爆现象，这是因为每次只向一个邻居节点转发数据包，但是仍未有效解决重叠现象和网络资源利用不合理的问题。

5.2.3　基于数据中心的路由协议

基于数据中心的路由协议，其通信不再依赖于特定的节点，而是依赖于网络中的数据，从而减少了网络中传送的大量冗余数据，降低了不必要的开销，从而延长网络生命周期。典型的路由协议有通过协商的传感器路由协议（Sensor Protocols for Information via Negotiation，SPIN）和定向扩散路由协议（Directed Diffusion，DD）。

1. SPIN 路由协议

SPIN 路由协议有 ADV、REQ、DATA 3 种数据包类型。SPIN 路由协议的协商过程共采用了三次握手方式。源节点在传送 DATA 之前，首先向邻居节点广播包含 DATA 数据描述属性的 ADV，具体如图 5-11(a)所示。需要该 DATA 数据的邻居节点向信息源发送 REQ 请求信息，如图 5-11(b)所示。源节点收到 REQ 信息后，有选择地将 DATA 数据发送给相应的邻居节点，如图 5-11(c)所示。收到 DATA 数据后，该邻居节点就作为信息源，按照前述过程继续将 DATA 数据传播给网络中的其他节点，如图 5-11(d)、(e)、(f)所示。这样重复下去，整个网络中所有需要该 DATA 数据的节点都将得到该数据的副本。

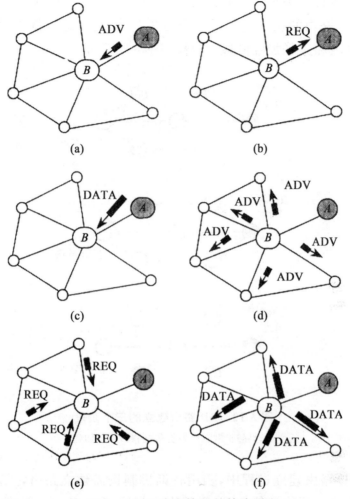

图 5-11　SPIN 路由协议的协商过程

2. DD 路由协议

DD 路由协议应用 DD 路由规则的传感器节点使用基于属性的命名机制来描述数据，并通过向所有节点发送对某个命名数据的 interest 来完成数据收集。在传播任务描述符的过程中，指定范围内的节点可以利用缓存机制动态维护接收数据的属性及指向信息源的梯度矢量等信息，同时激活传感器来采集与该任务描述符相匹配的信息。节点对采集的信息进行简单的预处理之后，利用本地化规则和加强算法建立一条到达目的节点的最佳路径。

DD 路由的实现过程可以分为 3 个阶段：兴趣扩散阶段、数据传播阶段和路径加强阶段，具体如图 5-12 所示。

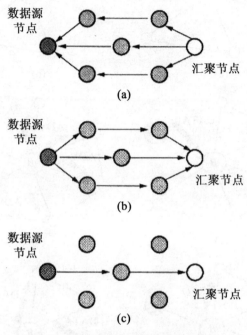

图 5-12　DD 路由建立的三个阶段

(a)兴趣扩散；(b)数据传播；(c)路径加强

DD 路由建立过程中，实用查询机制按需建立路由，无需保存整个传感器网络的信息，这样就大大提高了效率。这种路由技术适用于持续性查询的情况，对于一次性的查询情况的应用是不适宜的。

5.2.4　基于地理位置信息的路由协议

基于地理位置信息的路由协议主要利用节点的位置信息来建立有效的传输路径。典型的路由协议有 GPSR、GRID、LAR、DREAM 等，下面主要对 GPSR 和 GRID 两种路由协议进行讨论。

1. GPSR 路由协议

GPSR 路由协议传送的数据存在两种模式：一是贪婪转发模式；二是周边转发模式。在数据发送时，所有数据都是处于贪婪转发模式下。GPSR 路由协议假设所有的节点都获得了自己的位置信息，并且能够了解到其周围邻节点的位置信息，数据包中标记了目标节点的位置。因此，中继节点可以通过本地决策，利用贪婪选择来选择数据包的下一跳节点。通过这种方式连续不断的选择距目标节点更近的节点进行数据转发，直到到达目标节点为止。图 5-13 是一个利用贪婪转发策略选择下一跳节点的示例。

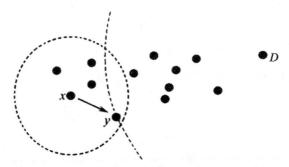

图 5-13　利用贪婪转发策略选择下一跳节点

这样的贪婪转发策略是有缺陷的，因为在路由过程中会出现路由"空洞"，如图 5-14 所示。所以，不得不需其他转发机制来解决该问题，这就是周边转发机制，在此不再详细介绍周边转发机制了。

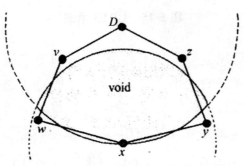

图 5-14　贪婪转发遇到的"空洞"问题

2. GRID 路由协议

GRID 路由协议是一种典型的基于地理信息的路由协议。借助于 GPS 设备、三角定位系统等相关技术和设备,网络中的节点能够获知自身所在的地理坐标,从而降低了能量消耗。

GRID 路由协议最初是为移动自组织网络而设计的路由协议,该协议根据地理栅格构建分层网络并实现路由。其基本思想是将整个网络划分成一个个正方形的小区域,在同一个区域内,都是用栅格号来标识所有节点的标号的。如图 5-15 所示,有一个 4×5 的栅格域,每个栅格的边长都相同且为 r,则节点通过每个栅格内的簇头节点构成整个网络的骨干网络,完成数据通信。每个栅格都有自己的编号,栅格中的所有节点都共享这个栅格编号,栅格内的簇头节点负责栅格中的数据包转发。GRID 路由协议主要由栅格划分、路由建立与路由维护 3 个阶段组成。

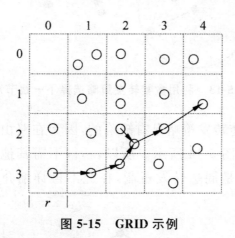

图 5-15 GRID 示例

栅格划分阶段主要包括了两个部分,即节点属于哪个栅格与簇头的选取。栅格的大小,即边长 r 的选取对于路由的性能影响较大。若栅格边长 r 选取较大,则可能导致各个栅格的簇头节点之间因相距较远而导致无法通信;若 r 较小,则可能在某一个栅格内没有节点存在使得路由无法选取。r 的选取值通常为 $\dfrac{d}{\sqrt{5}}$,

其中,d 为两节点之间的通信距离,那么是什么原因导致了要选取这个值呢？如图 5-16 所示,任意两个相邻的栅格之间,若要使得在两栅格中任意地理位置的两簇头都能够正常通信,则边长 r 与通信半径 d 满足如下关系:$(2r)^2 + r^2 = d^2$,因此解得 r 的值。

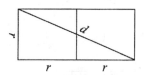

图 5-16　计算栅格的半径

选取簇头的原则是留在栅格内时间最长的节点作为簇头节点,一旦某节点担当了簇头节点,只有其离开该栅格的时候才会有新一轮簇头的选举。节点根据自己和归属栅格中心点的距离设定定时器,定时器到时,选举自己成为簇头,并周期性地发送通告消息,其他节点接收到消息后,则加入该栅格。如果同时有多个节点竞争簇头,在收到其他簇头的通告消息后,距离栅格中心较远的簇头放弃簇头地位,从而使栅格中簇头的唯一性得到保证。

5.2.5　提供数据流和服务质量保障的路由协议

本小节主要对提供数据流和服务质量保障的路由协议中的有序分配路由协议(Sequential Assignment Routing,SAR)进行研究。

SAR 路由协议是第一个在无线传感器网络中保证 QoS 的主动路由协议,基于 QoS 的路由协议要求在实现路由发现和维护的同时,使网络的 QoS(Quality of Service)需求得以尽可能地满足,有时还需要考虑节点的剩余能量、时延、带宽、时延抖动、丢包率等,从而为数据包选择一个最合适的发送路线。

SAR 路由协议也是一种基于多路径的路由协议。通常情况下,计算 k 条不相交的路径所需的开销和复杂度是单路径路由协议的 k 倍。图 5-17 所示为 SAR 路由拓扑结构。

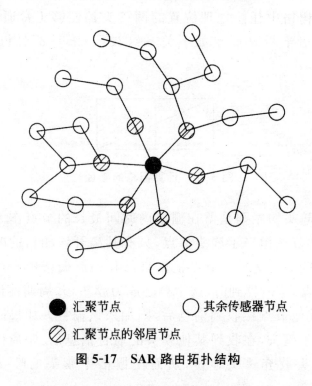

● 汇聚节点　　　　　○ 其余传感器节点

⊘ 汇聚节点的邻居节点

图 5-17　SAR 路由拓扑结构

对于每条路径,都有两个参数与其相关联:

①如果独占一条路径,那么能量资源的估计将是通过转发的最大数据包数量来进行的,而无需等到能量资源的耗尽。

②额外的 QoS 度量标准。

每个节点由于有多条路径到达汇聚节点,其对路径的选择是依据"有序分配路由"算法开展的。在对路径进行选择时,该路径上能量资源、QoS(如时延、带宽、丢包率等)与所发送数据包的优先级均在该算法中得以综合考虑。高优先级的数据包和较高的 QoS 路径保持对应关系。SAR 路由协议的设计目标就是要寻找一条满足 QoS 要求的路径,并且同时延长网络寿命。

由于该路由算法使得节点需要大量的冗余路由信息以建立路由,并且耗费存储资源,在路由维护阶段,更新信息开销较大。

5.3　无线传感器网络的节点定位

5.3.1　无线传感器网络节点定位的内涵

在无线传感器网络中,从一个节点是否清楚自己的位置为出发点进行划分的话,节点还可以分为信标节点和未知节点,信标节点即知道自己的位置,不知道自己的位置的节点就是未知节点。在无线传感器网络中,大部分都是未知节点,仅有很少一部分是信标节点。若是为了满足相关应用的需要,信标节点有必要知道自己的精确位置的话,可借助于携带 GPS 定位设备等技术手段来实现。另外,信标节点与未知节点之间并不是毫无瓜葛,因为信标节点还是未知节点定位的参考点。除了可以借助于一定的技术手段来获知自身位置的信标节点外,在信标节点位置信息的基础上,按照一定的规则未知节点也可以获知自身位置。在图 5-18 中,M 代表信标节点,S 代表未知节点。S 节点为了获得自身位置,可以建立与邻近 M 节点或已经得到位置信息的 S 节点之间的通信,再借助于相关定位算法即可。

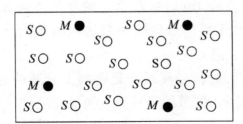

图 5-18　信标节点和未知节点

5.3.2　基于测距的节点定位技术

在完成节点之间距离的测量后,基于测距的节点定位技术会根据几何关系将网络节点位置计算出来。解析几何里,一个点位置的确定可以有多种方法来实现。多边定位和角度定位为比较常用的方法。

1. 测距方法

(1)接收信号强度指示(RSSI)

RSSI 测距的原理如下:接收机与发送机之间距离的确定需要借助于测量射频信号的能量来实现。式(5-1)给出了无线信号的发射功率和接收功率之间的关系。

$$P_R = \frac{P_T}{r^n} \tag{5-1}$$

在上式两边取对数,可得

$$10 \cdot n\lg r = 10\log \frac{P_T}{P_R} \tag{5-2}$$

由于网络节点的发射功率是已知的,将发送功率带入上式,不难得出

$$10\lg P_R = A - 10 \cdot n\lg r \tag{5-3}$$

式(5-3)的左半部分 $10\lg P_R$ 是接收信号功率转换为 dBm 的表达式,可以直接写成

$$P_R(\text{dBm}) = A - 10 \cdot n\lg r \tag{5-4}$$

此处,信号传输 1m 时接收信号的功率可通过 A 表示出来。接收信号强度和无线信号传输距离之间的理论公式如式(5-4),图 5-19 展示了它们的关系。从图 5-19 中可以看出,在整个传播过程中,无线信号的信号衰减在近距离上衰减的速度非常快,随着距离的不断变远,信号的衰减呈缓慢线性进行。

由于该方法的实现无需借助于过多其他技术,故已得到了广泛应用。在使用过程中,为了尽可能地提高精度,降低接收端产生的测量误差,要尽可能地避免遮盖或折射的发生。

(2)到达时间/到达时间差(ToA/TDoA)

此类方法的精度还是比较让人满意的,两节点之间距离的估算可借助于测量传输时间来实现。然而,在使用该方法时,却要

求传感器节点的 CPU 计算能力尽可能地强大才可以，这是因为由于无线信号的传输速度非常快，就算是时间测量上的很小误差也会使测量精度大打折扣。射频、声学、红外和超声波信号等多种信号，均可考虑使用这两种基于时间的测距方法。

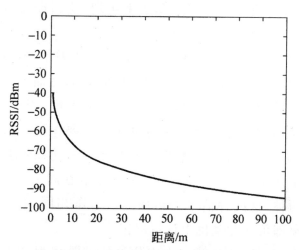

图 5-19　无线信号接收强度指示与传播距离之间的关系

　　在 ToA 机制中，如果信号的传播速度是已知的话，则节点间距离的计算可根据信号的传播时间来完成。图 5-20 为 ToA 测距原理的过程示例，采用伪噪声序列信号作为声波信号，想要测量出节点之间距离的话，需要借助于声波的传播时间来实现。

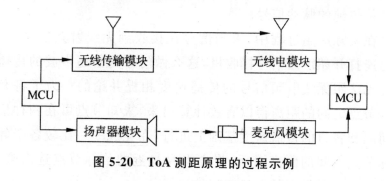

图 5-20　ToA 测距原理的过程示例

　　假设时间同步机制在两个节点之间早已顺利实现，伴随着发送节点在发送伪噪声序列信号，接收节点会收到来自于无线传输模块借助于无线电同步消息发来的伪噪声序列信号发送的时间的通知,在伪噪声序列信号被接收节点的麦克风模块检测到之后,节点间距离的计算可在声波信号的传播时间和速度的基础上完成。在计算完毕多个邻近信标节点位置后,节点想要计算出自身位置的话,可使用三边测量算法来实现,使用极大似然估计算法也可以。

此处,为了完成时间测量,ToA使用了声波信号,由于声波频率低,速度慢,故节点几乎不会受到任何影响,然而该方法唯一不足之处是,大气条件容易影响到声波的传播速度。ToA算法的定位精度高,相应地,要求节点间的时间同步要保持尽可能高的精确度,故就不得不提高对传感器节点的硬件和功耗要求。

在基于TDoA的定位机制中,发射节点在同一时间内发射的信号会有两种,这两种信号的传播速度各不相同,故量节点之间的具体距离即可在此基础上计算出来。

麻省理工学院的板球室内定位系统就是根据TDoA的定位原理来实现的,它能够有效确定节点位于大楼内的具体房间位置,无论该节点是移动的还是静止的。在该板球室内定位系统中,信标节点会被安装在所有的房间内,其无线射频信号和超声波信号的发射会按照预先的设定来进行。在信标节点发射的信号中,其自身位置信息也会包含其中,与射频信号相反,超声波信号仅是单纯的脉冲信号。

在实际应用过程中,未知信号在接收到无线射频信号后,其会迅速打开超声波信号接收机,这么做的原因是超声波的传播速度是无法跟无线射频信号的传播速度相提并论的。为了将和该信标节点之间的距离得以有效计算出来,未知节点可在两种信号的间隔和各自的传播速度基础上进行,在完成一一比较各个邻近信标节点之间的距离滞后,将离自身最近的信标节点选出来,在此基础上即可得出其自身房间的位置。

在TDoA技术中,需要实现更多的计算才能完成未知节点的定位,故对节点的硬件要求也就比较高,于是无线传感器网络就不得不面对这一挑战。

2. 多边定位

在多边定位法中,至少需要有 3 个节点至锚点的距离值,才能实现二维坐标的确定;要具备 4 个此类测距值,才能确定三维坐标。

假定已知信标锚点 $A_1,A_2,A_3,A_4,\cdots$ 的坐标依次分别为 $(x_1,y_1),(x_2,y_2),(x_3,y_3),(x_4,y_4),\cdots$,即各锚点位置为 $(x_i,y_i),i=1,2,3,\cdots$。如果待定位节点的坐标为 (x,y),并且它至各锚点的测距数值 d_i 是已知的,可得

$$\begin{cases} (x_1-x)^2+(y_1-y)^2=d_1^2 \\ \vdots \\ (x_n-x)^2+(y_n-y)^2=d_n^2 \end{cases}$$

其中,(x,y) 为待求的未知坐标,将第前 $n-1$ 个等式减去最后等式:

$$\begin{cases} x_1^2-x_n^2-2(x_1-x_n)x+y_1^2-y_n^2-2(y_1-y_n)y=d_1^2-d_n^2 \\ \vdots \\ x_{n-1}^2-x_n^2-2(x_{n-1}-x_n)x+y_{n-1}^2-y_n^2-2(y_{n-1}-y_n)y=d_{n-1}^2-d_n^2 \end{cases}$$

用矩阵和向量表达为形式 $Ax=b$,其中,

$$A=\begin{bmatrix} 2(x_1-x_n) & 2(y_1-y_n) \\ \vdots & \vdots \\ 2(x_{n-1}-x_n) & 2(y_{n-1}-y_n) \end{bmatrix}$$

$$b=\begin{bmatrix} x_1^2-x_n^2+y_1^2-y_n^2+d_n^2-d_1^2 \\ \vdots \\ x_{n-1}^2-x_n^2+y_{n-1}^2-y_n^2+d_n^2-d_{n-1}^2 \end{bmatrix}$$

3. Min-max 定位方法

多边定位法的浮点运算量大,计算代价高。Min-max 定位方法计算简单,基于此后人衍生出了自己的定位方案。

采用 3 个锚点进行定位的 Min-max 方法示例如图 5-21 所

示,为了得出锚点 $i(i=1,2,3)$ 的边界框:$[x_i-d_i,y_i-d_i]\times[x_i+d_i,y_i+d_i]$,要以此锚点的坐标$(x_i,y_i)$为出发点,在此基础上加上或减去测距值 d_i 即可。

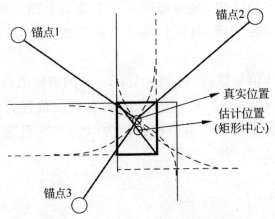

图 5-21 Min-max 法定位原理示例

在所有位置点$[x_i+d_i,y_i+d_i]$中取最小值、所有$[x_i-d_i,y_i-d_i]$中取最大值,则交集矩阵形取作

$$[\max(x_i-d_i),\max(y_i-d_i)]\times[\min(x_i+d_i),\min(y_i+d_i)]$$

3 个锚点共同形成交叉矩形,所求节点的估计位置就是矩形质心。

5.3.3 无需测距的节点定位技术

无需测距的节点定位技术仅是根据网络的连通性确定网络中节点之间的跳数,参考已知位置参考节点的坐标等信息,估算出每一跳的大致距离,然后即可估算出节点在网络中的位置。尽管这种技术实现的定位精度相对较低,不过某些应用的需要仍然能够得到满足。目前,无需测距的节点定位计算主要有以下两类。

1.质心算法

在计算几何学里,所谓的质心就是多边形的几何中心,质心节点的坐标为多边形顶点坐标的平均值。假设多边形定点位置的坐标向量表示为 $p_i=(x_i,y_i)^{\mathrm{T}}$,则这个多边形的质心坐标

$(\bar{x}, \bar{y})$ 为

$$(\bar{x}, \bar{y}) = \left(\frac{1}{n}\sum_{i=1}^{n}X_i, \frac{1}{n}\sum_{i=1}^{n}Y_i \right)$$

例如，如果四边形 ABCD 的顶点坐标分别为 (x_1, y_1)，(x_2, y_2)，(x_3, y_3)，(x_4, y_4)，则其质心坐标计算如下：

$$(\bar{x}, \bar{y}) = \left(\frac{x_1+x_2+x_3+x_4}{4}, \frac{y_1+y_2+y_3+y_4}{4} \right)$$

在质心算法中，邻近节点会周期性地收到来自于锚点发来的广播分组信息，其中，锚点的标识和位置均包含在该信息中。

质心定位算法能够实现的仅能是粗粒度定位，希望信标锚点具有较高的密度，各锚点部署的位置也会影响到定位效果。

2. DV-Hop 算法

基于距离矢量路由协议的原理，DV-Hop 算法能够在全网范围内实现跳数和位置的广播，很好地解决了低锚点密度引发的问题。每个节点设置一个至各锚点最小跳数的计数器，计数器的更新是在接收的消息的基础上进行的。锚点的坐标位置将被广播出去，当新的广播消息被节点接收时，如果存储的数值大于跳数的话，则该跳数将会被更新并转播。该原理在不定型算法中也得以应用，在全网内锚点坐标被洪泛，到锚点的跳数被节点维护，在接受的锚点位置和跳数的基础上可以实现节点自身位置的计算。

5.4　无线传感器网络的时间同步

5.4.1　无线传感器网络的时间同步概述

在传统网络中，网络中的每个终端设备都维护着一个自己的本地时间，不同终端设备的本地时间往往是不同步的，为了达到时间同步，网络经常需要修改终端设备的本地时间。在集中式系

统中,存在一个唯一的时间标准,基于这个唯一的时间标准,任何进程或者模块都会调整自己的本地时间,因此网络中的时间都是一致的,事件的发生顺序也是唯一确定的。无线传感器网络作为一种分布式系统网络,各个节点独立运行,没有中心节点,集中式网络的统一时间标准在无线传感器网络中根本就不适应,各个节点的时间同步问题就显得异常突出,即使在某一时刻网络中所有节点的时间全部同步,但经过一段时间后,由于时钟计数的不稳定性导致的误差,因此时钟失步现象就会再一次出现。因此对于无线传感器网络来说,时间同步是一个非常值得研究的问题。

简单来说,时间同步就是使网络中所有节点的本地时间保持一致,按照网络应用的深度可以分为3种不同的情况:

①判断事件发生的先后顺序,这种情况只需要知道本节点与其余节点的相对时间即可。

②相对同步,节点维护自己的本地时间,其邻居节点与本节点的时钟偏移将会被周期性地获取,使本节点与邻居节点的时间同步得以实现。

③绝对同步,所有节点的本地时间严格同步,等同于标准时间,这种情况对节点的要求最高,因此实现起来复杂度也最高。

时间同步的参考时间来源也有两种情况:

①来自于外部标准参考时间,如节点外接 GPS 网络来获得标准时间,我们称这种情况为外同步。

②内同步,即参考时间来自于网络内部某个节点的时间,这个时间与实际时间可能会有一定出入,但是网内参考时间是同步的。

无线传感器网络作为一种新型的分布式网络,节点分布密集、规模大,以无线方式通信,一般应用在人力有限的地区,这些特点使得无线传感器网络节点造价廉价,能源有限,故节点的本地计时器一般采用廉价的晶体振荡器来完成计数。由于晶体振荡器对温度、压力的不稳定性,每个晶振的振荡频率有一定的差异,这样的话,节点间就会出现时间不同步的情况。为了实现节

点间的时间同步,以下 3 个方面的问题是无线传感器网络设计的时间同步协议必须要解决的:

①同步的误差要尽可能地小,这样整个网络间节点应用的正常进行才能够得到保障。

②因为无线传感器网络节点的电池不可替换,因此协议要尽可能地简单,功耗要低,使网络的生命周期尽可能地延长。

③具有可扩展性,随着无线传感器网络规模的扩大,时间同步协议要同样有效。

在节点的时间计数中,存在硬件时钟模型和软件时钟模型这两种计数模型,前者是利用晶振来实现时间的计数,后者是采用虚拟软件时钟来实现时钟的计数。

①硬件时钟模型。在硬件系统的时钟计数中,计算时间的一个重要的公式是

$$c(t) = k \int_{t_0}^{t} w(t)\mathrm{d}t + c(t_0)$$

式中,$w(t)$ 是晶振的角频率;k 是依赖于晶体物理特性的常量;t 是真实时间变量;$c(t)$ 是当真实时间为 t 时节点的本地时间。在现实中,供电电压、温度变化和晶体老化均会对晶体的频率造成影响,若用 $r(t) = \mathrm{d}c(t)/\mathrm{d}t$ 来描述时钟的变化速率,我们可以知道,理想时钟中的真实时间 $c(t) = t + t_0$,即本地时间与真实时间只有一个固定的误差,因此 $r(t) = 1$。

下面介绍两个重要的时间参数。

a. 时钟偏移:在 t 时刻定义时钟偏移为 $c(t) - t$,即本地时间与真实时间的差值。

b. 时钟漂移:在 t 时刻定义时钟漂移为 $\rho(t) = r(t) - 1$,即本地时间变化速率与 1 的差值。

时钟偏移反映的是某个时刻本地时间与真实时间的差值,用来描述计数的准确程度,而时钟漂移反映的是时钟计时的稳定性,在这两个标准的基础上,一个时钟稳定的标准得以确定下来。对于任意一个 t,总有

$$-\rho_{\max} \leqslant \rho(t) \leqslant \rho_{\max}$$

我们称这个式子为漂移有界模型,一般可以认为 ρ_{max} 范围为 $1\sim100$ppm(ppm 是 Parts Per Million 的简称,1ppm$=10^{-6}$)。漂移有界模型一般用来确定时钟的精度或者同步误差的上、下界。

②软件时钟模型。在软件时钟模型中,存在着一个用于记录时钟脉冲的计数器,软件时钟模型区别于硬件时钟模型,它不直接修改本地时间,而是根据本地时间 $h(t)$ 与真实时间的关系来换算成真实时间的函数 $c(h(t))$。$c(h(t))=t_0+h(t)-h(t_0)$ 就是一个最简单的虚拟软件时钟的例子,实际应用中,软件时钟还要考虑到时钟漂移对时钟的影响,因此复杂度更高。

5.4.2　典型时间同步协议

DMTS、RBS、TPSN、HRTS、FTSP、GCS 均为典型时间同步协议,本小节重点介绍 RBS 协议。

发送者-接收者之间的同步很直观,若能精确地估计出报文传输延迟,这种方法能够取得很高的精度。然而仅根据单个报文的传输就想估计出传输延迟难度很大。图 5-22 的左图为发送者-接收者同步机制,右图为接收者-接收者同步机制。可以看出,从发送方到接收方为发送者-接收者同步机制的同步关键路径。关键路径过长,导致传输延迟不确定性的增加,因此同步精度就会比较低。根据缩短关键路径的思想,J. Elson 提出了接收者-接收者同步机制,典型的协议为 RBS 同步协议。

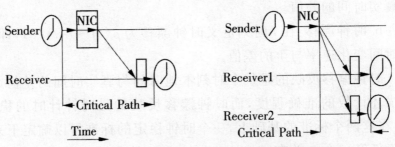

图 5-22　发送者-接收者、接收者-接收者的同步机制

1. RBS 协议的基本思想

RBS 协议同步的是报文的多个接收者，这点体现了与 DMTS 协议同步的是报文的收发双方之间的差异。如图 5-22 的右图所示，在单跳网络（是由 3 个节点组成的）中，一旦被参考节点发出，其广播域内的其他节点就会接收到该参考报文，与此同时，其他接收者节点将会记录下接收到该参考报文时的本地时间。在记录的本地时间的基础上，接收者们可将差值计算出来，接收者之间的时钟偏移即为计算出的差值。从图 5-22 中可以看出，接收者-接收者同步机制的关键路径得以有效缩短，Send time 和 Access time 的影响得以完全排除。

RBS 协议参考报文无需携带参考节点的本地时间，这是因为参考报文的作用是为激发接收者们同时记录下各自的本地时间，而不是致力于向接收者们通告参考节点的时间。此外，在对 RBS 协议的原理进行研究工作中，不难发现，接收者们是否在同一时刻记录下本地时间很大程度上决定了同步误差。图 5-22 为在 5 个 Mica 节点上做的一个简单的实验，5 个节点各有一个通用 I/O 引脚与逻辑分析仪的输入之间建立连接，每当一个参考报文被节点接收时，就会有一个上跳沿被该引脚输出，逻辑分析仪就会因此得以触发捕获，与此同时能够将此时的时刻记录下来。接收者节点对同一参考报文的接收相移在记录下的时间数据的基础上即可被计算出来，从统计学的角度来看，接收相移完全符合正态分布 $N(0, 11.1, \mu s)$。根据大数定理，接收相移依概率 1 将会随着参考报文的增多而逼近其均值 0，因此可以认为参考报文在同一时刻被接收者接收了，这就证明了 RBS 的理论假设是成立的（图 5-23）。在实际应用中，实际的 RBS 协议交换的是最近记录的多个时刻信息并非是最近一次记录的时刻信息。

在速率恒定的始终模型的基础上，RBS 协议补偿了节点间时钟飘移。如图 5-24 所示，图中的"＋"代表了接收者节点间对同一个参考报文的接收时钟偏移。接收者节点间的时钟飘移是由拟

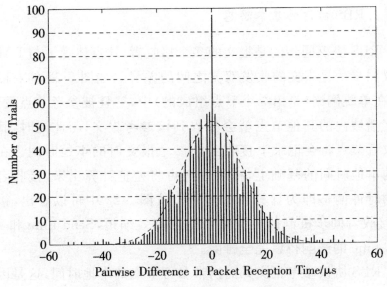

图 5-23　参考报文的接收相位偏移分布

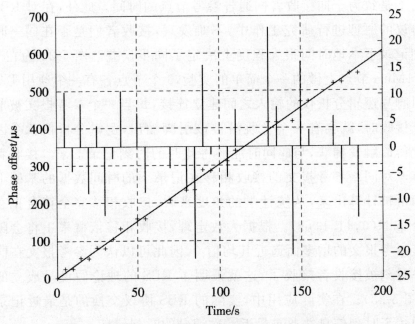

图 5-24　用最小二乘法估计接收者节点间的时钟飘移

合直线的斜率来表示的,开始时刻的初始时偏是由截距来表示
的。为了使节点间的同步误差能够在较长时间内保持在较小的

范围内,可以采取对时钟飘移进行补偿的措施。两个处于单跳范围内节点的本地时间的互换可以借助于该拟合直线来实现。

2. 多跳 RBS

上面介绍的是单跳 RBS 协议,两个多跳节点之间的同步可通过对其进行扩展来实现。以图 5-25(a)中的节点 9 和节点 1 为着手点来进行介绍,由于节点 9 和节点 4 处于以节点 C 为参考节点的单跳区域内,它们之间的本地时间的相互转换可以借助于单跳 RBS 协议来实现。同理,也可以实现节点 1 和节点 4 之间的本地时间的相互转换。因此,在节点 4 的帮助下,节点 9 和节点 1 之间的本地时间相互转化实现起来也是没有任何问题的。

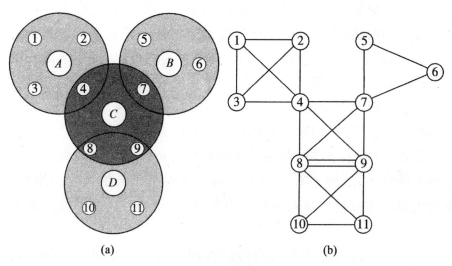

图 5-25　多跳 RBS

(a)一个三跳网络的物理拓扑;(b)相应的逻辑拓扑

在规模较大的无线传感器网络中,由于节点失效或通信故障所带来的拓扑的变化也是无法适应的。因此,为了找到一条连接同步源节点和目标节点之间的转换路径,RBS 采用了“时间路由”机制。可以使用 Dijkstra 算法、链路状态法等算法实现最短路径的查找。

5.4.3　新型时间同步协议

传统的无线传感器网络时间同步机制的研究已经非常成熟,实用性也极强,主要应用在单跳网络中,在 Mica2 平台上,随着相关技术的不断发展,同步误差已经非常小了,同步功耗也已经处于尽可能低的水平,很多应用需求得以有效满足。

在实际应用过程中,会有相关的机制来实现同步。在该机制具有该特点的同时,传统的因特网时间同步协议(Network Time Protocol,NTP)也因此与其有一定的相似性。鉴于体系结构上的局限性,是没有办法实现与时间基准节点的直接同步的,因此,随着节点离时间基准节点跳距的增加,节点的同步误差也就不得不面对增加的情况,这种情况最终导致了同步误差的累积。截止到目前,人们对同步误差做了大量的研究,最终得出,在这些传统的时间同步协议中,节点的同步误差即使是在最理想的情况下也至少与其跳距的平方根呈正比。随着无线传感器网络的发展,以下两个因素在导致平均节点跳距增加的同时使得同步误差累积问题日益严峻:①节点的单跳传播距离会因传感器节点体积的减小而不断减小;②网络直径会随着网络规模的不断扩大得以增加。对大规模无线传感器网络的应用来说,该问题可以说是需要重点考虑的。

可扩展性也是传统无线传感器网络时间同步协议不得不面对的一个重要挑战:可扩展性能够将网络中的全部节点有机地组织起来,能够实现网络拓扑结构的建立,当网络规模较小时,其实现是没有任何问题的,但随着网络规模的不断扩大,出于无线传输的不稳定性以及节点工作的动态性考虑,如果想要跟踪到拓扑的变化的话,需要频繁地进行拓扑更新,这样一来,就会额外增加本已非常有限的网络带宽和节点电能供应的压力,还有就是由时间同步协议来负担网络拓扑维护的繁重工作还不够理想。

鉴于此,萤火虫同步技术和协作同步技术被人们提出,以便使这两个挑战得到很好地解决。下面主要讨论被人们广泛使用的协作同步。

协作同步的具体过程如下：时间基准节点按照相等的时间间隔发出 m 个同步脉冲，这 m 个脉冲的发送时刻被其一跳邻居节点接收并保存，随后这些邻居节点根据最近的 m 个脉冲的发送时刻估计出时间基准节点的第 $m+1$ 个同步脉冲的发送时刻，并在该时刻与时间基准节点同时发出同步脉冲。由于信号的叠加，因此复合的同步脉冲可以到达更远的范围。如此重复下去，最终网内所有节点都达到了同步，如图 5-26 所示。

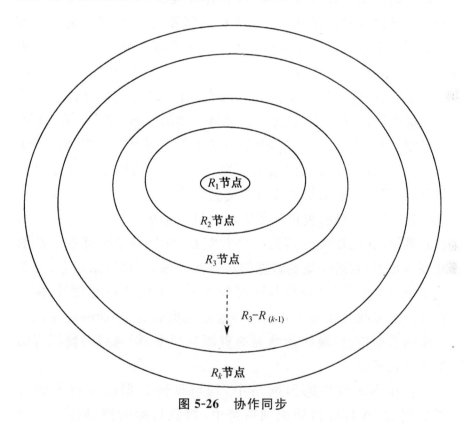

图 5-26　协作同步

在传统的时间同步协议中，时间基准节点的时间信息想要被传递到远方节点的话，必须要借助于中间节点的转发，同步误差累计也正是因此而导致的。

5.5　无线传感器网络的数据融合

5.5.1　无线传感器网络的数据融合概述

为了满足大多数无线传感器网络应用的需求,大量传感器节点以很高的密度被部署着,以便各种环境感知、信息采集和目标监视任务得以共同完成。由于节点的部署密度高,当所采集的数据来源于相邻节点时往往有较大的相关性或信息冗余。于是,各节点会将有较大相关性和信息冗余的信息不经任何处理发给汇聚节点,此过程中汇聚节点收到的有效信息特别少,且伴随大量有限能量资源的消耗,最终导致网络寿命的缩短。此外,在 MAC层,频繁的碰撞或冲突的发生会因多个节点同时向汇聚节点传送数据而无法避免,导致网络的拥塞,使数据的传输效率无法得到保证,最终使信息采集的实时性受到影响。

针对以上问题,提出了数据融合这一解决办法。数据融合的核心理念:在无线传感器网络中收集数据时,基于传感器节点的软硬件技术,对所采集的数据做进一步处理,删掉冗余信息,为节点所需传输的数据"瘦身",同时处理多个不同节点的数据,使汇聚节点能够收到比单个节点能够收集的更有效、更能够满足用户需求的数据信息,最终达到提高资源利用率、使网络的使用寿命得以有效延长。

在很多无线传感器网络中,均可见到数据融合技术的身影。例如,在目标自动识别系统中,判断目标的准确性在一定程度上会因对多个节点采集到的目标特征数据进行融合处理得到有效提高;在火灾监测系统中,准确度更高的空间温度分布情况随着对多个感温节点探测到的温度数据进行融合处理而得到。

5.5.2　无线传感器网络的数据融合模型

网络通信的能量消耗、数据传输的准确性、数据融合效率和网络延时控制等均为无线传感器网络主要考虑的因素。无线传感器网络是任务型的网络,数据融合模型可分为数据级结构模型、追踪级结构模型和多 Agent 融合模型。

1. 数据级结构模型

在目标识别类型融合基础上,才会有数据级信息的融合。在无线传感器网络中,传感器节点综合处理分析感知的数据,将关键特征提取出来,再使用模式识别的方法完成数据的融合操作。数据级融合结构由以下 3 个层次组成。

(1)数据层融合结构

数据层融合结构是基于多个传感器采集的原始数据,对接收到的同类型传感器的数据直接执行融合操作,在此基础上再进行特征提取和属性判决。

由于数据多,数据之间的相似度高,也就意味着融合操作的计算量非常庞大。数据层属性融合是最底层的融合。

(2)特征层融合结构

特征层融合结构是指首先处理各个传感器节点的数据,然后将关键特征提取出来,再执行融合操作。关键特征的提取就是将传感器采集到的数据转化为能体现目标根本属性的特征向量。特征层属性融合的关键是提取有效的关键特征,将无效甚至对立的特征数据去除。该层进行融合操作的数据量、计算量都不大。例如,在监测温度的应用中,使用三元组(地区范围、最高温度、最低温度)的形式来表示;监测图像信息时,用 RGB 值表示图像的颜色特征。

(3)决策层融合结构

决策层融合结构是在特征层融合的基础上,对监测目标做进一步的加工,聚类判别,最后得到决策信息。各个传感器单独做出决策后,将决策信息传输到融合中心做出最终决策。和前两层比起来,该层融合操作的数据量、计算量最小。决策层属性融合是最高层次的融合,它根据用户的应用需求做出高级决策。因此,可以说决策层的融合是面向应用的数据融合。

2. 追踪级结构模型

无线传感器网络中大量节点将感知数据经单跳或者多跳传输至融合节点,经过融合节点执行融合操作后,最终传至网关节点。从数据的传输形式和数据的处理层次进行分析的话,追踪级模型可以分为集中式结构和分布式结构这两种类型。

(1)集中式结构

集中式结构模型的特点是由网关节点通过广播任务的兴趣或者请求,接收到兴趣广播信息的节点将数据发给网关节点,网络中自己执行相关的融合操作只有网络节点,如图 5-27 所示。信息量丢失比较少体现了该种结构的优点。然而无线传感器网络节点密度较大,邻近区域的传感器节点对同一观测目标在相同时刻的数据基本相同或者一样,这样大量的冗余信息的产生也就无法避免,最终导致额外浪费不必要的能量。

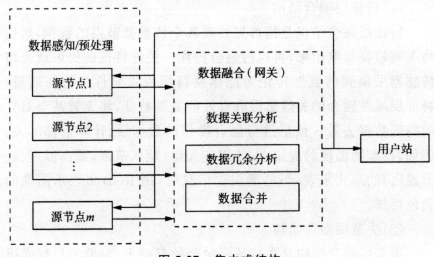

图 5-27　集中式结构

（2）分布式结构

分布式结构数据传输方式如下：源节点将数据发送到簇头节点，簇头节点获取分组的数据信息，执行特定的融合操作后再汇报给网关节点，最后对数据的综合处理由网关节点完成，如图5-28 所示。和集中式结构比起来，该类型能提高数据的效率，最终达到提高无线信道效率的目的。

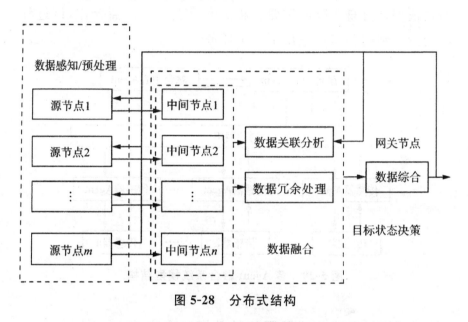

图 5-28　分布式结构

3. 多 Agent 融合模型

Agent 是指在一定的区域内具有自主性、连续性和代理性等特点的信息处理实体，对外界环境发生的事件能够自发地做出感应。它拥有自己的数据库和推理规则库。多 Agent 融合系统是由多个 Agent 个体之间相互协商、彼此合作、协同处理组成一个整体。在多 Agent 系统中，单个 Agent 的存储、计算、处理能力都是处于一个比较低的水平，一般都是相互协作来完成比较复杂艰巨的任务。

多 Agent 融合系统一般用于提升数据融合增益、实现数据同步传输和任务协同处理。图 5-29 为多 Agent 融合系统模型结构。在该结构中,网关节点作为数据融合的中心,融合操作通过普通节点 Agent 与网关节点融合,再由网关节点与网关节点两者共同协商完成。如果将网关节点从广播兴趣消息到最后得到融合结果的过程看作一次任务的执行过程,那么该过程详细的协商策略就是:数据融合中心把系统任务传送给能单独完成这项任务的节点,也能够协同合作完成该项任务的一组传感器节点。每个节点依据其自身实际的需要和相关的节点进行协商合作,该过程将会持续到网关节点发出下一个任务。

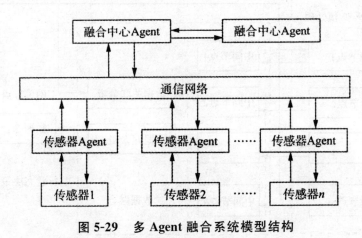

图 5-29 多 Agent 融合系统模型结构

5.5.3 无线传感器网络的数据融合方法

为了满足不同应用的需要,数据融合就需要采用不同的融合处理方法。截止到目前,以下几种方法是在无线传感器网络数据融合中比较常用的。

1.综合平均法

综合平均来自多个传感器节点的数据,即为将来自于一组传感器提供的数据做加权平均处理,以其结果作为融合值。

2.模糊逻辑法

在无线传感器网络中,某种模糊性的现象存在于传感器节点所观测的目标特征上,模糊逻辑法即基于此,能够识别和分类观测目标,在此基础上使标准观测目标和待识别观测目标的模糊子集得以顺利建立起来,从而实现对多个传感器节点的观测数据的融合。

3.统计决策法

在统计决策法中,鲁棒综合是不同传感器节点观测到的数据务必要做的一个测试,从而实现数据一致性的检验。在鲁棒极值决策规则的基础上,融合处理经过一致性检验的数据。

4.神经网络法

神经网络法处理信息时是以大量简单处理单元来进行的,这些处理单元之间是相互连接和相互作用的。

5.贝叶斯估计法

在概率原则的基础上,贝叶斯估计法能够有效融合来自多个传感器节点观测的数据,同时能够将其观测的不确定性以条件概率的方式表示出来。

6.卡尔曼滤波法

如果系统可以用一个线性模型描述,且系统与传感器的误差均符合高斯白噪声模型,则尔曼滤波将为融合数据提供唯一统计意义下的最优估计。在动态实时多传感器冗余数据的融合中可以使用该方法。

5.5.4　无线传感器网络的数据融合策略

为了使数据融合得以高效地进行,就需要借助于数据融合策略。

1. 基于树的数据融合策略

在无线传感器网络中,有大量的传感器节点部署在指定区域。基于反向组播树或数据融合树的形式,监测数据会实现从分散的传感器节点到汇聚节点的逐步汇集,如图 5-30 所示。

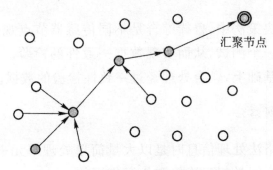

图 5-30 基于反向组播树的数据融合

其定义如下:给定图 $G=(V,E)$,其中,V 表示 G 的节点集,E 表示 G 的边集。边 $e(e \in E)$ 的代价由 $c(e)$ 来表示。给定一组组播节点 $D(D \in V)$,将覆盖 D 中所有节点的树 T 寻找出来,且在满足所有条件的同时使得 T 的代价 C_T 是最小,即

$$C_T = \min \sum_{e \in T} c(e)$$

组播融合树的构造可通过以下几种算法来实现。

(1)近源汇集(Center at Nearest Source,CNS)算法

在该算法中,完成数据融合的节点为距离汇聚节点最近的源节点。指向其他源节点的反向组播树伴随着融合节点的确定而得以顺利形成。

(2)最短路径树(Shortest Path Tree,SPT)算法

在最短路径树算法中,数据融合就会在重合部分的每个树权节点上进行。

(3)贪心增长树(Greedy Incremental Tree,GIT)算法

在该算法中,汇聚节点与最近源节点之间的最短路径确定是第一步,让其作为树的树枝,然后将距离当前树结构最近的节点

依次选取出来(选取是在剩余源节点中进行的),并将其与树建立连接(可能需要通过其他节点),所有源节点都要没有遗漏地与树建立连接。

上述 3 种算法进行数据融合是在数据达到汇聚节点前进行的,能够有效删除冗余信息,事件驱动的应用可考虑使用这几种算法。尤其是第 2 种和第 3 种算法,能够使数据融合尽可能早地进行。数据融合效果按以下顺序依次降低:贪心增长树算法、最短路径树算法、近源汇集算法。

在基于树的数据融合中,监测数据在所有的源节点和汇聚节点之间的传送会沿着已经建立的路径进行。由于不同源节点的数据进行传输的路径不可能是全都相同的,这样的话就会导致传输时延的不同,对来自多个源节点的数据进行的有效融合处理时,中间节点往往需要等待一定时间才可以。

图 5-31 给出了 3 种可能的数据融合情况:

①事件 1 产生的数据的汇合发生在节点 A 处。

②事件 2 产生的数据的汇合发生在节点 B 处。

③事件 3 产生的数据,没有汇合,故数据会不经融合直接发送到汇聚节点处。

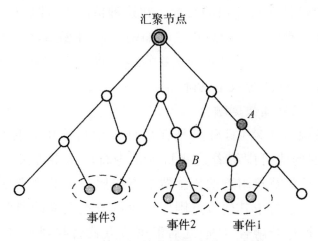

图 5-31　基于树的数据融合的 3 种情况

2.基于分簇的数据融合策略

在基于分簇的数据融合中,分簇方法将网络划分成一些小的簇,每个簇由一个簇头和多个簇成员组成。

(1)静态分簇数据融合

在该策略中,分簇是预先完成的。该策略中包含着一个周期性的重新分簇过程,分簇阶段和数据通信阶段共同构成了循环中的每一轮分簇。

在分簇阶段,第一步是选择一个或多个簇头。下面介绍几种不同的簇头选择策略。

①随机产生机制。在该机制中,一个 0～1 之间的随机数由每个传感器节点自动生成。该机制在 LEACH 协议中得以应用。

②基于概率产生机制。在该机制中,一个传感器节点成为簇头节点是按照一定的概率来进行的。该机制在 HEED 协议中得以应用。

③基于剩余能量产生机制。在该机制中,一个传感器节点是否能成为簇头节点,是由其剩余能量与网络中其他节点剩余能量的相对大小来最终决定的。

图 5-32 所示簇 3 内的目标。在这种情况下,即可得到较高的数据融合率就会处于较高水平。如图 5-32 中簇 4、5、6 中成员监测到的目标。在这种情况下,多个簇头将会发送同一事件的数据,会导致数据融合效率的降低。

(2)动态分簇数据融合

在该融合策略中,分簇是在事件发生后或由目标监测触发的,且簇的构建可围绕着监测目标来进行。当事件发生时,一个簇头会由目标节点附近的传感器节点按照一定的规则推举出来;簇头会收到来自于其他节点则作为成员节点发来的监测数据,然后再对数据进行融合处理;之后汇聚节点就会收到来自于簇头经过融合处理后的数据。静态分簇数据融合与动态分簇数据融合的区别主要体现在静态分簇融合中同一事件的信息的传送可能

由多个簇来进行,而动态分簇融合中同一事件的信息只有一个
簇。以下两个方面体现了动态分簇数据融合的特征。

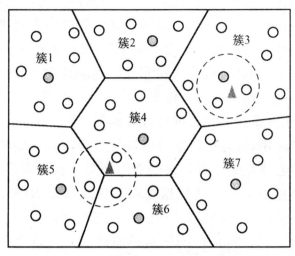

图 5-32　基于静态分簇的数据融合

①分簇是围绕着监测目标进行的。

②如果一个节点的无线发射半径大于等于其感知半径的两
倍,则能够感知到事件的传感器节点都在相互的无线发射范围
内。这种情况下,借助于相互协作这些节点之间可选出一个簇头
并进行数据融合,如图 5-33 所示。

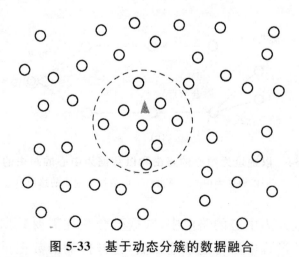

图 5-33　基于动态分簇的数据融合

3.基于路由的数据融合策略

以数据为中心是无线传感器网络路由的一大特点,这要求在传递数据的过程中,中间节点能够根据数据的内容将来自多个源节点的数据做融合处理从而使传输的数据在能够满足应用需要的同时保持最小的量,最终达到节省能耗的目的。故高效的数据融合需要高效的路由方案来作支撑。

(1)基于查询路由的数据融合策略

在该策略中,指定区域的传感器节点会源源不断地收到来自信息处理中心或汇聚节点发来的查询消息。收到查询消息后,传感器节点会把所监测到的数据按照预先选择好的路径传送给汇聚节点。该情况下,最短路径路由为理想策略。区别于以数据为中心的路由,选择路由时,不同路径的数据融合机会和效率也是需要源节点来进行考虑的。该情况下,最短路径路由未必是理想策略。图5-34给出了两种路由方式的区别。

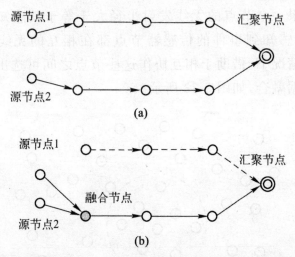

图 5-34 以地址为中心的路由和以数据为中心的路由的区别

(a)以地址为中心的路由;(b)以数据为中心的路由

在以数据为中心的路由中,数据融合往往需要数据在传送给汇聚节点的过程中尽可能早地完成,这样传输的数据量就会有最大程度地减少。然而在实际应用中,由于目标节点的地理位置和网络节点的分布状态并不是全部保持一致的,故会有不同的传输路径,最终导致数据融合时机的差异。较早进行数据融合与较晚进行数据融合的两种情况如图 5-35 所示。

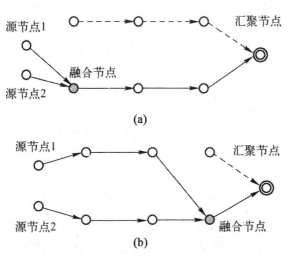

图 5-35　不同时机进行数据融合示意图
(a)数据融合进行的较早;(b)数据融合进行的较晚

此外,在以数据为中心的路由中,通常会有一棵树(数据融合树)形成于各源节点到汇聚节点的传输路径之间。在对数据进行收集时,汇聚节点往往是基于该树,将数据从分散的传感器节点将逐步汇集起来。

(2)基于分层路由的数据融合策略

基于分层路由的数据融合如图 5-36 所示。

在基于分层路由的数据融合策略中,簇头的选举或分簇过程为影响数据融合性能的核心因素之一。例如,在 LEACH 协议中,可以随机选一组传感器节点为簇头,其他节点可在簇头中选出一个来作为自己的簇头节点,且需加入该簇头所管理的簇。发送给汇聚节点的数据可由簇头节点来控制,且簇头可直接进行和汇聚节点之间的通信。在每次迭代中,一个节点会有成为簇头的可能性,具有最小簇内通信开销的簇头节点会被其他所有非簇头的节点来选出来作为自己的簇头。

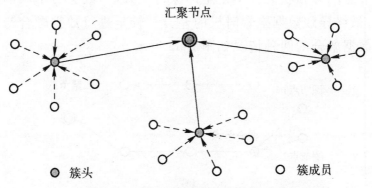

图 5-36　基于分层路由的数据融合

（3）基于链式路由的数据融合策略

在 LEACH 协议中，汇聚节点会收到直接来自于簇头节点做融合处理后的数据，该过程伴随着能量的消耗。链式路由是为了改善 LEACH 协议，链式路由协议（PEGASIS）被人们提出来。在该路由协议中，每轮能够向汇聚节点发送数据只允许一个首领（Leader）节点，且数据的发送只能发生在该节点和它在链上的相邻节点之间，区别于 LEACH 协议中直接向其簇头发送数据。在收集数据之前，基于一种贪心算法或由汇聚节点实现一条链的构造，就会开始向首领传送数据；位于端点和首领之间的节点会将收集到的数据与自己的数据做融合处理，其过程如图 5-37所示。

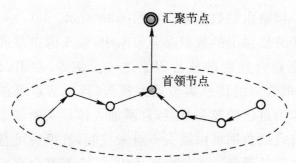

图 5-37　基于链式路由的数据融合

在基于链式路由的数据融合策略中,每个节点发送数据的距离几乎都是最短的,其只有一个节点与汇聚节点进行通信,故该策略和其他基于路由的数据融合策略比起来更加节省能耗。然而该策略完善度仍不够高,数据收集失败率也会因链式路由结构的脆弱而有所增加。

4.基于移动代理的数据融合策略

以上介绍的无线传感器的数据融合策略基本上都是基于C/S模型(客户端/服务器)。在该计算模型上,网络中的汇聚节点扮演的是服务器端的角色,而其他传感器节点扮演的是客户端的角色,服务器端能够融合处理对来自于客户端的数据,在客户端将采集到的大量数据传送给服务端的过程中,需要占用大量的网络资源和消耗大量的能量,最终缩短了网络的使用寿命。基于移动代理的数据融合策略即在该情况下被提出来了。移动代理技术的核心为"将计算移动到数据"。在传感器网络中,移动代理技术的核心理念得到了充分应用,其他节点不再将自己收集的数据传输汇聚节点,而是由移动代理来访问各传感器,完成数据的收集和融合工作,可以看出,该技术能够将传统数据融合技术占用网络带宽的问题得到了很好地解决,从而降低了整个网络的能耗,延长了网络使用寿命。

移动代理的规则可由创建者来做相应的制定,以便完成特定任务。本质上来看,移动代理是由一组软件代码和数据组成的。按照事先制定的规则,移动代理针对每个节点所要执行的操作也会具体情况具体对待。移动代理规则是非常智能的,程序代码、数据和当前状态信息尽可包含在内。移动代理能够在所有节点与节点实现自身状态信息和节点数据的传递,同时数据的完整性不会遭到任何破坏。数据具体如该如何移动、移动的方向均可由移动代理来做决定,可通过远程操作数据的移动,此外,还可通过数据的复制来移动数据。从以上介绍可以看出,在该策略中,数据融合是在移动代理在节点处执行的,使网络中的数据量在很大程度上得以减少。

图 5-38 给出了一种基于移动代理的无线传感器网络的基本模型。和其他数据融合策略一样,数据依然来自于传感器节点,而数据不再是直接从传感器节点到汇聚节点,而是由移动代理从传感器节点处收集数据再传递给汇聚节点。非常明显,移动代理并不是创建于传感器节点而是汇聚节点处。移动代理能够在各传感器节点之间按照预先设置的规则进行迁移,将各传感器节点的本地数据依次收集,再进行数据融合,在所有节点的数据都被收集且完成数据融合之后再将最终数据传递到汇聚节点。在该模型中,移动代理路由规则的制定和移动代理的创建也需要完成,这些工作都完成之后可将创建完毕的移动代理发放到目标区域内。在该模型中,移动代理路由规则的制定也需要传感器节点来做及时调整,对网络状态的变化和移动代理的前移请求传感器节点需要基于监听机制来做相关处理,使移动代理的路由能够按照实际情况做及时调整,能够尽可能地支持移动代理。从以上介绍可以看出,在该策略中,要求汇聚节点的计算能力和通信能力更加强大,要同时负责移动代理的其他相关工作。

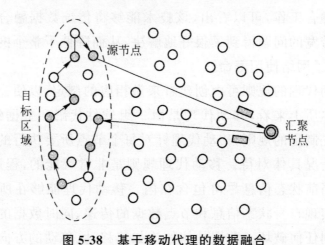

图 5-38　基于移动代理的数据融合

在该策略中,为了使数据融合的处理效果最佳,可以看出移动代理的路由策略的制定是关键。在移动代理在对各传感器节点之间进行迁移过程中,会按照预先制定的路由规则来按照一定的次序在预定的节点范围内来收集数据并实现数据的融合,该过程中,代理路由无论是收集数据还是做融合处理都会占用网络资源,会对网络性能和服务质量造成一定影响。故在设计移动代理路由策略时,要对多方面进行。故移动代理的路由策略可以看作是一个寻找最优化解决方案的一个过程,往往在实际过程中,最佳路由策略很难实现。然而在实际过程中,往往需要平衡融合策略效率和其他方面之间的关系,最大化地满足应用需求。

5.6　无线传感器网络中间件

中间件为可复用软件,是基础软件的一大类。不难理解,操作系统软件与用户的应用软件之间是中间件存在的位置。

5.6.1　无线传感器网络中引入中间件的原因

随着集成电路的不断发展,为了满足人们越来越多的应用要求,无线传感器网络无论是在硬件方面还是在软件方面均得到了长足发展。①硬件方面,随着芯片技术的不断发展,使得无线传感器处理器的速度越来越快;②软件方面,随着软件开发技术的不断发展以及新的软件开发工具的创建,适用于无线传感器网络的应用程序越来越多,即使是在一些网络的异构平台上,许多应用程序也可以得到很好地应用。无线传感器网络软件也因为这些应用场景的丰富,不得不面对一些新的挑战。另外,可能是为了满足不同应用的需要,这些网络使用的网络协议和网络体系结构会有很大的差别。

伴随着无线传感器的技术发展过程,传感器厂商可能是出于商业的角度也可以是出于技术利益的角度,使得有明显的差异存在于各自产品之间,产品的差异并未因为技术的不断进步而得以消除。对于无线传感器网络,众多产品之间的差异由一个厂商来负责统一显然是不现实的;由于技术深度和技术广度的要求,单独由用户在自己的应用软件中去弥补其中的大片空白,必然也是勉为其难。为了使由这些差异造成的问题得到解决,利用中间件技术通过屏蔽各种复杂的技术细节使问题简化,并把各种不同的应用系统集成起来开发新的应用。

从现有无线传感器网络的基础软件来看,大多数软件都只能适用于特定的硬件,且试验平台软件研究是其重点关注的对象,这样一来,就导致应用软件的开发在一定程度上复杂度比较高,对推动无线传感器在更多领域的应用非常不利。不同传感器网络的异构接口和对问题的不同抽象使网络集成和软件集成的代价比较昂贵,且其复杂度非常高,主要是因为还存在许多重复的代码片段存在于不同软件体系间。另外,基于无线传感器网络的应用存在着安全问题,目前我国使用的无线传感器网络及其嵌入式软件系统多数来自国外,在某些涉及国家信息安全的部门,无线传感器网络负责不是普通的数据而是比较敏感的数据,如果这时候无线传感器网络有不可靠的问题的话,那么数据也就没有安全性可言。

综上所述,研究与实现无线传感器网络中间件技术具有重要的科技、经济和社会意义,并能带动相关产业的稳定可持续发展。

5.6.2 无线传感器网络中间件的软件体系结构

无线传感器网络中间件的软件体系结构如图 5-39 所示。在具体实现架构上,无线传感器网络中间件实现了对多个传感器节点操作系统的适配口,多个异构操作系统间的网络消息通信均可被监听到,这些通信数据通过各种中间件处理,例如,网络中间件,可以支持多种路由间的动态选择,使无线传感器网络接入服务、网络连通性服务等得以完成;分布中间件,可以实现各种数据融合,向上提供最有效的数据;功能中间件,使代理(Agent)机制等得以实现;安全中间件,为无线传感器网络应用业务实现各种安全功能(如安全监控、消息加密等)。最终根据执行在节点上层的应用,中间件提供应用所需的应用开发接口,使无线传感器网络的多种应用集成得以实现。无线传感器网络中间件的工作机制是一个分布式软件管理框架,具有强大的通信能力和良好的可扩展性。

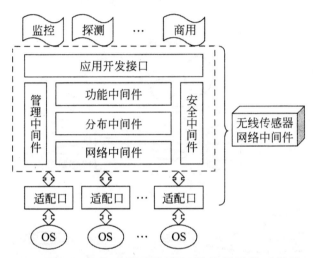

图 5-39　无线传感器网络中间件的软件体系结构

5.6.3　无线传感器网络中间件 SINA

传感器信息网络化体系结构(Sensor Information Networking Architecture,SINA)将一个传感器网络模拟为一个大型分布式目标群,具有中间件的效果,允许传感器应用向网内发送查询和控制任务、从网内收集应答和结果、监视网内变化,如图 5-40(a)所示。SINA 模块在每个传感器节点运行着。SINA 模块提供传感器信息自适应结构,辅助查询、事件监视、任务分配能力,如图 5-40(b)所示。

在通常的分布式数据库中,信息分布在若干个地点,而传感器网络中的信息分布地点数量和传感器数量保持一致,每个传感

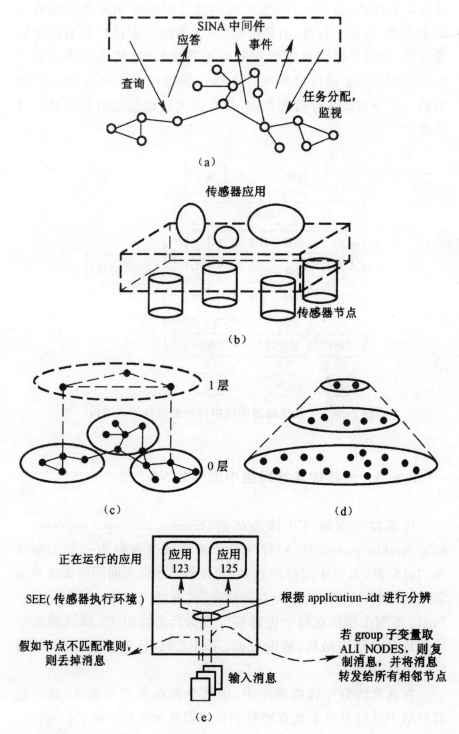

（a）

（b）

（c） （d）

（e）

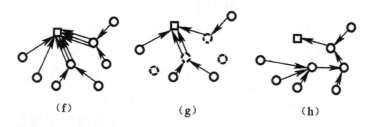

（f）　　　　　　（g）　　　　　　（h）

□前端传感器节点或专门传感器节点
○做出响应的传感器节点
○不做出响就原传感器节点
➡ 数据流

图 5-40　SINA 说明图

器收集的信息自然成为该节点的一个组成部分（或者属性）。为了支持能量高效以及可扩展操作,传感器节点自动分群。由于传感器信息的数据中心特性,所以采用基于属性的命名方法（而不是采用直接地址）使传感器信息的访问能够更加有效地进行。

1.SINA 的功能组成

（1）分层分群

为了便于传感器网络内部的可扩展操作,应该根据传感器节点的能量等级以及邻近关系对传感器节点进行分群组织,如图5-40（c）所示。递归应用分群方法建立分层分群网络结构,如图5-40（d）所示。在一个分群内部选择一个群首节点负责执行信息过滤、融合。分群过程的重新初始化伴随着群首失效或者电池能量较低发生。当分群分层结构不合适时,应用将传感器网络看作只有一层的分群结构,此时每个节点本身就是一个群首。

（2）基于属性的命名

当网络规模很大时,关注单个传感器节点是没有任何意义的。用户更应该关注查询哪个（哪些）区域的温度高于 100°F 或者东南区的平均温度,而不是关心特定传感器 ID＝101 的温度。为了推动传感器查询的数据中心特性,较为理想的是基于属性的命名方法。例如,名称[type＝temperature,location＝N-E,temperature＝103]描述东北区所有传感器感知的温度为 103°F,这些传感器应答的查询是那个(那些)区域的温度高于 100°F。

（3）位置意识

传感器节点在自然环境中工作,掌握自己的物理空间位置非常重要,可以采用网络定位技术(如 MDS、TPS、噪声距离测量法)获取传感器节点的位置信息,也可以采用其他网络定位技术。在条件允许的情况下也可以采取 GPS。GPS 提供绝对位置信息,但是考虑到经济原因,只给一个传感器节点子集配备 GPS 接收机,这些节点周期性发送信标信令,将自己的位置信息告诉其他节点,起着位置参考的作用,其他没有配备 GPS 接收机的节点就能够大致确定自己的地理位置。

2. 信息抽象

在 SINA 中,将一个传感器网络看成一个数据表集合,每张数据表包含每个传感器节点的一个属性集合,每个属性称为一个蜂窝,传感器网络的数据表集合表示联合电子数据表,通过基于属性的名称将联合电子数据表中的各个蜂窝表示出来。开始时,只有少量预先定义的属性存在于每个传感器节点的数据表。这些传感器节点一旦布置完毕并且形成一个传感器网络的时候,就可以通过评估有效蜂窝结构表达式,可以从其他蜂窝获取信息,从而接收其他节点的请求(比如来自其群首的请求)而建立新蜂窝,调用系统定义的函数,或者累积来自其他数据表的信息。

每个新建蜂窝必须得到唯一命名并且成为某个节点的属性,该属性或者取单值(如剩余电池能量)或者取多个数值(比如过去30min 内温度记录的变化)。通过综合运用分层分群机制和基于属性的命名法,SINA 提供一个功能强大的操作集,处理传感器节点间的数据访问和数据累积。借助于联合电子数据表机制,SINA 更容易实现节点间通过属性命名的相互交互。

3. 传感器查询与任务分配语言(SQTL)

传感器查询与任务分配语言(Sensor Query and Tasking

Language,SQTL)是 SINA 的一个组成部分,起着传感器应用与 SINA 中间件之间的编程接口作用。SQTL 是一种程序脚本语言,具有面向对象的特点,灵活、紧凑,简单的公开查询声明能够得到解释。SQTL 语言结构包括:算数操作符(＋,－,＊,/),比较操作符(＝＝,！＝,＜,＞),布尔操作符(AND,OR,NOT),分配(assignment),有条件结构(if-then-else),循环结构(while),目标实例化(new),事件处理结构(upon)。没有变量声明块,可以按需创建任何类型变量。SQTL 大多数语言结构的使用方法与其他程序语言保持一致。

SQTL 提供传感器硬件访问原语[比如 getTemperatureSensor()、turnOn()、turnOff()]、位置意识原语[比如 isNorthOf()、isNear()、isNeighbor()]以及通信原语[比如 tell()、execute()、send()],提供实现基本数据结构的类(比如排列、链表)。数据累积函数(比如最大、最小、平均)在数据结构也比较常见。SQTL 还提供一个事件处理结构,该结构适用于这类传感器网络应用:传感器节点被编程为处理异步事件(比如接收一条消息或者定时器触发的一个事件)。程序员通过使用 upon 结构就能够实现一个事件处理模块的创建。目前,SQTL 支持以下 3 类事件:

①一个传感器节点接收到一条消息时产生的事件,采用关键字 recede 定义。

②定时器周期性触发的事件,采用关键字 every 定义。

③定时器定时结束时产生的事件,采用关键字 expire 定义。

一条 SQTL 消息包含一个脚本,网络中任何一个传感器节点解释和执行本条 SQTL 消息。为了使一个脚本针对一个特定接收节点或者一个特定接收节点组,可借助于 SQTL 封装头来实现 SQTL 消息的封装。SQTL 封装头作为消息头,说明发送节点、接收节点、这些接收节点上运行的特定应用以及该应用的参数。

SQTL 封装头采用 XML 语法定义应用层头,应用头说明属性名称的复杂寻址方法。SQTL 封装头常用组成域详见表 5-1。

表 5-1　SQTL 封装头常用组成域

变量	含义
sender	一个 SQTL 消息封装头的发送节点
receiver	由两个子变量 group、criteria 说明的可能接收节点
group	说明接收节点组的接收节点子变量,其取值只能是 ALL_NODES 或 NEIGHBOES
criteria	说明接收节点选择准则的接收节点子变量
application-id	相同传感器网络中每个应用的唯一 ID 号
num-hop	离网关节点(中心节点)的转发跳数距离
language	说明有效载荷域(content)中采用的语言
content	有效载荷,一个程序、一条消息或者返回值均包含在内
with(optional)	程序中使用的可选参数数组,从发送节点传递给接收节点
parameter	可重复的子变量,含变量 type、name、value
type	该参数的数据类型
name	该参数的名称
value	该参数的取值

4. 传感器执行环境(SEE)

在每个传感器节点上运行的传感器执行环境(Sensor Execution Environment,SEE)负责分发输入消息、检查到达的所有 SQTL 消息、对 SQTL 消息中说明的每种动作采取适当操作。SEE 检查 SQTL 消息内的 receiver 变量,并根据其取值从而决定是否将该条 SQTL 消息转发给下一个转发跳。其 group 子变量取值为 ALL_NODES 的消息将被转播给网络中的每个传感器节点,其 group 子变量取值为 NEIGHBORS 的消息只被转发给本节点的一跳相邻节点。比较 criteria 域中说明的属性取值,对表中的属性名称、接收节点数据表中存储的接收节点属性:假如该节点的属性满足准则,则 SEE 接收该消息。

　　一旦一个 SQTL 脚本从前端节点(一个与网络直接连接的特殊节点)注入到一个或者多个传感器节点,那么这个脚本就自动向前传递给其他节点,使所分配的任务得以完成。然后在每个传感器节点产生一个结果后产生一条 tell 消息,并将该消息回送给请求节点,请求节点通常就是将脚本发送下来的上行节点。SEE 的输入消息分发过程如图 5-40(e)所示。

　　SEE 除了完成输入 SQTL 消息的分解之外,还要处理所有正在运行中的应用输出的 SQTL 消息:采用低层通信机制将应用输出 SQTL 消息分发给本消息头中 receiver 变量指定的目标节点。SEE 可能将属性名称转换成唯一的链路层可用数字地址。否则,该消息可通过链路层广播。

5.信息收集方法

　　对于利用 SINA 体系结构的应用,传感器节点间的低层通信机制至关重要。通过提供支持特定应用要求的高效数据分发和信息采集,SINA 抽象化低层通信,使高层传感器应用远离低层通信。当用户提交查询时,并不对用户如何从传感器网络内收集信息做任何明确定义。SINA 体系结构根据查询类型和当前网络状态选择最合适的数据分发和信息收集方法。前端节点接收到用户的查询后,负责查询解释,向其他节点请求信息,即可得到查询效果。若是全部节点做出响应,那么回传给前端节点的大量响应产生碰撞,从而出现响应暴问题,如图 5-40(f)所示。信息采集机制的目的是响应质量最佳,即响应和响应数量最佳,同时网络资源消耗最少。

　　采用采样操作、自协调操作、扩散计算操作这几种方法来完成信息采集任务。

　　(1)采样操作

　　对于特定类型的应用(如确定整个网络区域的平均温度),每个传感器节点的响应可能产生响应暴问题。为了减轻响应暴问题,有些传感器节点若是其相邻节点做出响应则无需做出响应。

传感器节点根据给定的响应概率自动决定自己是否应该参与应用,如图 5-40(g)所示。

假如传感器节点不是均匀分布在区域中,那么将上述方法改进即可。为了防止密集区域产生过多响应,每个群首节点根据每个分群所要求的应答数量计算响应概率,将这种操作称为自适应概率响应(Adaptive Probability Response,APR)。

(2)自协调操作

在节点数较少的网络中,所有节点响应查询对于最终结果的精确度是非常关键的。每个节点将其响应发送推迟一段时间为防止响应暴的另外一种方法。这种方法尽管会增加一些时延,但是能够降低碰撞机会,使总体性能得以有效提高。

假定节点均匀分布在网络地理区域中,因此远离前端节点 h 个转发跳的节点数量和 h^2 成正比关系。每个节点的响应时延定义为 $T_{delay}=KH(h^2-(h-1)r)$,其中,r 表示随机数($0<r\leqslant 1$),H 为每个转发跳时延估计常数,K 是一个补偿常数,补偿因子 K 是为了考虑排队时延和处理时延的影响,K 和 H 通常作为联合可调参数。

(3)扩散计算操作

对于扩散计算操作,假定每个传感器节点只知道其直接相邻节点。信息采集算法受到每个节点只能与其邻近区域内节点通信的限制。在传感器节点间分发 SQTL 脚本中编写的信息累积逻辑,使这些传感器节点知道如何累积传输途中传递给前端节点的信息。图 5-40(h)描述了一个概念数据流。因为数据在传输途中被中间节点累积,所以有效带宽的占用有了非常明显地减少,从而减轻了响应暴问题。但是,对于大规模传感器网络,扩散计算操作可能需要耗费较长时间才能将响应回传至前端节点。

SINA 采用分层结构,对于同一个应用,不同的层可以采用的信息收集方法也不相同,优化系统总体性能。在 SINA 中可以采用 SPIN 协议,SPIN 协商过程能够减少带宽的使用。通过将 SPIN 和 SINA 综合在一起,SINA 能够进一步节省网络资源。

5.6.4　无线传感器网络中间件 Impala

　　基于模块编程中间件将应用程序分解为更小的模块,支持应用程序的更新以节省能量。基于事件通知的通信模式,通常采用发布/订阅机制,可提供异步的、多对多的通信模型,非常适合大规模的无线传感器网络应用。

　　Impala 采用基于事件驱动的模块化编程模式,它的目的是在具体应用可以安装和运行的程序之上充任一个操作系统、资源管理器和事件过滤器。图 5-41 为 Impala 的系统体系结构(分层和接口)。Impala 主要有 3 层:从上到下依次是应用层、中间件层和固件层,服务和事件为层与层之间的接口。固件层通过服务接口为 Impala 提供许多硬件访问和控制功能;为了避免应用层直接使用固件层功能,Impala 以裁剪或受保护的方式为上层应用提供所需要的功能,并为应用层提供网络接口。

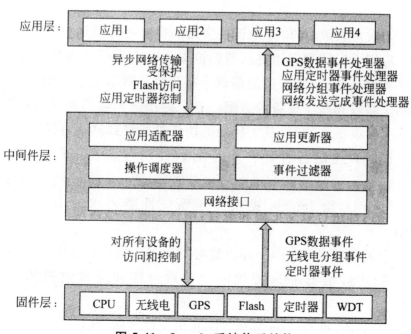

图 5-41　Impala 系统体系结构

所有的应用协议和程序均包含在应用层中,各个应用使用各种策略完成一个公共任务:采集环境信息并使用对等传输技术将信息传递给中心节点,每次运行的应用只有一个。

Impala 中间件除了包含操作调度器和网络接口之外,还包括应用适配器、应用更新器和事件过滤器这 3 类中间件代理。应用适配器使应用适应各种各样的运行期条件,使性能、能量效率和鲁棒性得以提高。应用更新器通过无线收发器接收传播软件更新,并将它们安装在传感器节点上。事件过滤器捕获和向应用适配器和应用更新器派出事件,并启动过程链。Impala 具有以下几种类型的事件。

①定时器事件,标识一个定时器定时结束的信号。

②分组事件,表示一个网络分组已经传递到达的信号。

③发送完成事件,标识一个网络分组已经发送完毕或者发送失败的信号。

④数据事件,表示感知设备的数据采样已经准备好读取信号。

⑤设备失效事件,一个设备失效的信号被检测到。

应用适配器和应用更新器都被编入一个事件处理程序集合,当接收到事件时,事件过滤器就会将事件处理器激活。Impala 支持基于参数和基于设备的适配。一个应用适配器的例子是:当检测到一个设备失效时,基于历史的协议被切换到洪泛协议。

访问和控制各种硬件组件的软件均包含在固件层中,主要有:

①CPU,给 Impala 提供基于系统性能要求的 CPU 方式控制。

②无线电,给 Impala 提供数据发送和数据接收能力。

③GPS,给 Impala 提供一个获取时间和位置数据的异步接口。

④Flash,给 Impala 提供 Flash 访问和控制功能。

⑤定时器,给 Impala 提供最多 8 个软件定时器。

⑥看门狗（WDT），给 Impala 提供系统监控和恢复能力。

图 5-42 所示是 Impala 基于事件的应用编程模型的时序例子。将应用、应用适配器、应用更新器全部纳入一个事件处理器集合中，当收到有关事件时，这些事件处理器就会被事件过滤器调用。应用必须实现定时器处理器、分组处理器、发送完成处理器和数据处理器这 4 个事件处理器。此外，为了辅助应用适配器查询应用和应用切换，还要求应用实现应用查询、应用结束和应用初始化这 3 个应用。

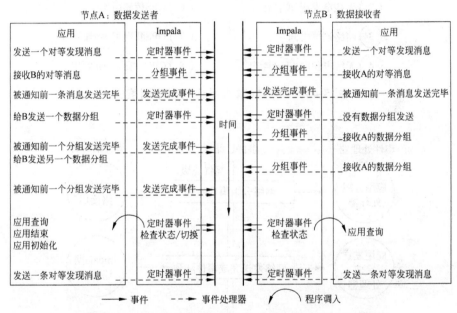

图 5-42　Impala 基于事件的应用编程模型的时序例子

Impala 利用定时器触发各种操作，图 5-43 给出了 Impala 常规操作的时序调度图：一个节点重复数据的发送和接收、获取 GPS 位置、休眠。

图 5-44 是 Impala 的事件处理模型。Impala 实现的抽象事件有四种类型，事件由事件信号源产生和送入事件队列，事件过滤器完成事件的出队列和派发，事件处理器完成对事件的处理。

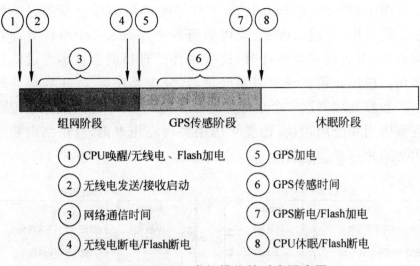

图 5-43　Impala 常规操作的时序调度图

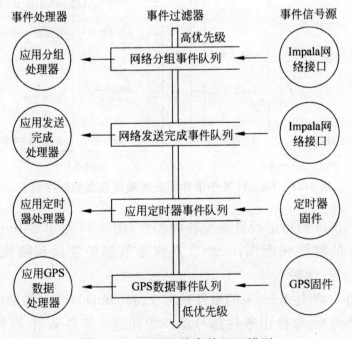

图 5-44　Impala 的事件处理模型

5.7　无线传感器网络的安全问题

5.7.1　无线传感器网络的安全需求

1. 数据机密性

网络安全中最核心的部分就是数据机密性。数据机密性问题可以说是所有网络安全首先需要解决的。在无线传感器网络中，一个传感器网络应当将其传感器感知数据严格保密切勿泄漏，特别是在对安全要求比较高的应用中，如军事应用，传感器节点存储数据的敏感性极有可能处于非常高的水平上。在很多无线传感器网络应用中（如密钥分发），高度敏感数据的发送是避免不了的，因此在无线传感器网络中建立安全信道就显得额外重要。此外，对公用传感器信息（如传感器节点身份识别码 ID、公共密钥等）的加密工作也是不可懈怠的，从而可能地避免流量分析攻击。

采用秘密密钥加密敏感数据可以说是保持敏感数据秘密的常规办法，不是所有的节点都能够接收秘密密钥，只有指定的节点才可以，故机密性得以顺利实现。

2. 数据完整性

数据的机密性得到保证以后并不意味着数据就安全了，这仅仅是说攻击者无法窃取信息而已。攻击者为了达到目的，会对数据进行修改，使无线传感器网络陷入混乱。例如，恶意节点可以在分组中将一些数据分片添加进去或者将分组中的数据进行篡改，然后原始接收节点收到的将是改变后的分组。即便是恶意节点不存在，仍然有发生数据丢失或者数据受损的可能性，这是由通信环境条件恶劣导致的。可借助于 SPIN 来实现数据的完整性。

3.数据新鲜度

仅仅有数据的机密性、完整性仍远远不够,每条信息都是最新的这也是需要得到保证的。显而易见,数据新鲜度就意味着信息是刚刚产生的不是很久之前产生的,同时还要注意验证信息是不是攻击者重放的。尤其是在采用共享密钥策略时,该要求尤其重要,一个共享密钥不可长时间使用要不停变换。有一点需要注意的是,整个网络都要收到新的共享密钥的话需要耗费一定的传播时间,在这个过程中,攻击者极有可能利用漏洞来进行重放攻击。该问题的解决办法是将一个随机数或者跟时间有关的计数器添加到分组中,最终使数据新鲜度得到有效保证。

SPIN 识别新鲜度细分的话可以分为两类:弱新鲜度和强新鲜度这两种类型。在传感器感知数据方面会用到弱新鲜度,在网内时间同步方面会用到强新鲜度。

4.认证

消息认证存在于很多传感器网络应用中,且都非常重要。攻击者的攻击手段不限于修改数据分组,还可以改变整个分流组(这是借助于注入额外分组实现的),故在决策过程中,全部接收节点都要保证正确的可信任源节点是数据的来源。

对数据的认证若是使用的完全对称机制的话,就需要保证通信是点对点的。会有一个秘密密钥被发送节点和接收节点同时共享,只有通过该秘密密钥才能实现所有通信数据的消息认证码的有效计算。

在广播环境中,在对网络节点做信任假设时要贴切一些不能过于偏离现实,否则该认证技术就无法应用于广播环境中。假如一条信息在两个互不信任的节点间进行传递的话,即使是使用一个对称消息认证码,其安全性也是值得怀疑的:只要该对称消息认证码被其中任何一个不信任接收节点所获知,就可以扮演成这个发送节点,其他接收节点就会收到伪造的信息。故非对称机制是广播认证实现的基础。

5.可用性

鉴于传统加密算法的种种优越性,已经有不少人尝试着对其进行一定的调整、修改以便使其适用于无线传感器网络,这么做难度非常大,且有引入额外开销的可能性。为了尽可能地使其重复使用可通过将代码进行修改;为了实现相同目标采用额外通信的方式;或者对数据访问进行强行限制,传感器和传感器网络的可用性都会因这些方法得以弱化,理由如下:

①额外计算消耗额外能量,若不再有能量,也就意味着数据的不可用。

②额外通信也消耗较多能量,且通信增加,通信碰撞概率随着增大。

③假如使用中心控制方案,就无法避免单点失效问题,这样一来,网络的可用性也会受到一定的威胁。

可用性安全要求不仅对网络操作造成影响,且与整个网络的可用性维护密切相关。可用性确保:即使存在 QoS 攻击,所需网络服务仍然可用。

6.自组织

通常情况下,无线传感器网络是 Ad Hoc 网络,要求每个传感器节点要拥有尽可能足够的独立性和灵活性,以便具备自组织、自愈能力。网络中,用于网络管理的并非是固定基础设施。以上这些对无线传感器网络安全来说都是一个巨大挑战。例如,想要预先设置中心节点与所有传感器节点共享密钥的话几乎是无法实现的,这是因为整个网络都处于动态之中。鉴于此,随机密钥预分配方案应运而生。如果非要将公共密钥加密技术用于传感器网络的话,那么该传感器网络就要具备公共密钥高效分发机制。

7.安全定位

一个传感器网络的效用往往跟每个网络节点精确而自动的节点定位能力有很大关系。故障定位传感器网络需要精确的位置信息才能够查明故障的位置。但是,攻击者很容易操控如报告虚假信号强度和重放信号等不安全的位置信息。

8.时间同步

大多数传感器网络应用依靠某种形式的时间同步。各个传感器会定期关闭其电台以达到节省能量的目的。传感器节点需要计算分组在两个通信节点对之间的端到端时延。联合协作性传感器网络用于跟踪应用时,有需要节点组同步的可能性。

9.其他安全需求

授权:授权确保只有得到授权的传感器节点才能够参与对网络服务的信息提供。

认可:认可表示节点不能拒绝发送其以前已经发送过的消息。

在无线传感器网络中,在网络运行过程中发生传感器节点失效问题、布置新的传感器节点并不少见,因此应充分考虑前向保密需求和后向保密需求:

前向保密:一个传感器节点退网后应该不能再对网络中随后的任何消息进行读取。

后向保密:入网节点应该不能读取网络中此前已经发送过的任何消息。

5.7.2 无线传感器网络的安全防护技术

1.无线传感器网络的认证

无线传感器网络的认证主要存在于以下几种结构之间:内部

实体之间、网络和用户之间以及广播。

（1）内部实体之间的认证

在密钥管理的基础上，内部实体之间也只有在传感器网络的基础上才有了认证。内部实体之间的认证利用的是密钥管理体制中重要组成部分——对称密码学。只有具有共享密钥的节点，才能实现相互认证。此外，鉴于基站技术的安全性和可靠性，在基站的基础上也可以实现各个节点之间的相互认证。

（2）网络和用户之间的认证

用户可以借助于无线传感器网络来收集数据，且位于无线传感器网络外部。只有通过认证的用户才能对无线传感器网络进行访问。可通过以下 4 种方式来实现用户的认证，如表 5-2 所示。

表 5-2　用户认证方式

	不需要路由	需要路由
需要基站	直接基站请求认证	路由基站请求认证
不需要基站	分布式本地请求认证	分布式远程请求认证

①直接基站请求认证。基站是用户发出的请求达到的第一个环节。如果想要实现用户和基站之间的相互认证的话，需要相关的 C/S 认证协议的有利支持。用户请求只有被认证成功后，基站才会转发给无线传感器网络。

②路由基站请求认证。某些传感器节点是用户请求的起点，如果该请求无法被传感器节点认证的话，基站就会收到来自于传感器节点的认证请求，也就是说，需要由基站完成对用户的认证。

③分布式本地认证请求。处于用户通信范围内的传感器节点在用户发出请求时能够协助它完成认证工作，如果认证没有出现问题的话，网络的其他部分将会收到这些传感器节点发送的此请求是合法的。

④分布式远程请求认证。不是所有的传感器节点能够验证

请求合法性与否,该功能不是所有传感器节点都具备的,只有指定的几个传感器节点才可以。这些指定的几个传感器节点也不是乱分布的,而是分布在指定位置上。用户请求认证信息将被路由到这些节点。

(3)广播认证

研究无线传感器网络广播认证的重要意义体现在能够保证广播实体和消息的合法性。在无线传感器网络安全协议 SPINS 中,A. Perrig 等提议 μTESLA 作为无线传感器网络广播认证协议。在 μTESLA 协议的基础上,多层和适合于多个发送者的广播认证协议被 D. Liu 提议。

作为服务提供者,无线传感器网络对环境进行监控,其他用户所需要的监测数据,是由无线传感器网络完成的收集和存储工作。作为服务请求者,在无线传感器网络的帮助下,相关数据会被有需要的经过认证的用户所使用。在整个网络中,若干传感器节点均有可能被破坏者所威胁,因此需要建立相应的访问控制机制。

随着技术的不断发展,具有稳健性无线传感器网络访问控制算法被人们提出来了,在此基础上 Z. Benenson 等提出了 t 稳健传感器网络,其中,t 为该网络能够容忍的被捕获的节点个数。以下几个方面问题是需要考虑的:

①t 稳健存储,被捕获的只有 t 个节点,敌人是得不到无线传感器网络的任何信息的。

②n 认证,也就是说,要保证用户广播范围内的能够被合法节点认证的用户要有 n 个。

③n 授权,跟 n 认证比较接近。与此同时,还提出了 t 稳健性协议,使无线传感器网络访问控制机制得以顺利实现。

稳健性的访问控制借助于以下方式来实现:感知数据在无线传感器网络的存储将会是以 t 稳健的方式进行的。

2.无线传感器网络 DoS 攻击

任何试图降低或者消灭无线传感器网络平台期望实现某种

功能的行为都属于无线传感器网络 DoS 攻击。如表 5-3 所列的是比较常见的无线传感器网络 DoS 攻击和防御方法。

表 5-3　无线传感器网络层次和 DoS 防御

网络层次	攻击	防御
物理层	干扰台	频谱扩展、信息优先级、低责任环、区域映射、模式变换
	消息篡改	篡改验证、隐藏
链路层	碰撞	差错纠正码
	消耗	速率限制
	不公平	短帧结构
网络层	忽视和贪婪	冗余、探测
	自引导攻击	加密、隐藏
	方向误导	出口过滤、认证、监测
	黑洞	认证、监测、冗余
传输层	泛洪	客户端迷惑
	失步	认证

对存在于无线传感器网络中的恶意路由的检测可通过基于线索的监测方法来实现，如图 5-45 所示。

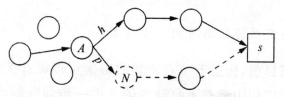

图 5-45　基于线索的监测方法

在一定路由协议下，数据包 p 被节点 A 发给下一跳节点 N，与此同时，线索 h 也被 A 发送出去，线索 h 的路由要经过除节点 N 之外的节点路由出去。网关节点对节点 N 的监测可在收到的数据包和线索基础上实现。

3.无线传感器入侵检测技术

入侵检测在传统计算机网络安全技术中也十分常见。节点异常的监测以及恶意节点的辨别为无线传感器入侵检测技术需要重点关注的。由入侵检测、入侵跟踪和入侵响应共同构成了传感器网络入侵检测系统,这点和传统网络的入侵检测系统一样。入侵检测框架如图 5-46 所示。

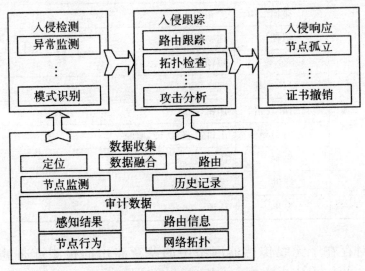

图 5-46　入侵检测的实现框架

4.安全定位协议与时间同步技术

截止到目前,传感器节点位置的确定可以说在无线传感器网络的大多数应用中都是不可缺少的。进一步划分的话,这些传感器节点定位协议还可以分为基于测距的定位和不基于测距的定位,这是按照定位机制的不同来进行的。基于测距的传感器定位协议对传感器节点位置的计算是在有相关算法能够准确实现点对点的距离和角度的测量的基础上完成的。若技术不够先进的话是无法实现该算法的,因为该算法需要纳秒级的精确时钟、方向天线等数据,故传感器节点的硬件要处于较高水平。不难理解,不基于测距的定位协议无需准确的测量点对点之间的距离和角度,故能够有效节省成本,在无线传感器网络中更加适用。

过去几年,人们对无线传感器网络时间同步问题非常重视,相继提出了很多适用于无线传感器网络环境的时间同步协议,在这些协议的基础上传感器节点点对点的时间同步(邻居节点间获得高精度的相互时间同步)或传感器节点的全局时间同步(整个无线传感器网络中所有节点共享一个全局的时钟)得以有效实现。细分的话,现有的点对点时间同步协议可分为接收者-接收者时间同步和接收者-发送者同步这两类。

5.8　无线传感器网络的应用

5.8.1　在军事领域中的应用

由于传感器网络具有快速部署、动态性、可兼容性、自组织性等优点,故能够充分满足作战需要。大量传感器节点可借助于飞机、炮弹或其他飞行器被散步在敌方阵地,这些节点以自组织的形式组件成网,实现战场信息的收集、传输、融合、处理,实现对敌军兵力和装备的监控、战场实时监视、目标定位等,以便及时调整我方战术及攻击重点。部署在敌方的无线传感器网络,不会因部分节点的破坏而降低网络性能,其他未受损坏的节点会再次自组织成新的网络,继续完成作战需要。在军事领域中,常用的无线传感器网络有智能微尘、战场环境侦察与监视系统等。

1. 智能微尘

智能微尘是一个超微型传感器,具有计算机功能,由微处理器、无线电收发装置以及相关软件共同组成。在智能微尘系统中,相关无线传感器节点会被部署在目标区域内,其能够实现相互定位,完成数据的收集、处理、融合,之后将最终数据传送给基站。近年来,无线传感节点的体积已经能够缩小到砂砾般大小,然而无线传感器节点所应当具备的感知能力、计算能力、通信能力相比之前反而更加强大,这些都是借助于电子信息技术和生产工艺技术的突飞猛进才得以实现的。相信,未来随着电子信息技术、能源技术的不断发展,智能微尘甚至能够在空中悬浮数小时甚至更久。仅仅依靠微型电池提供的能量,智能微尘就可以持续搜集、处理、发射信息长达数年之久。智能微尘的远程传感器芯片可以装在宣传品、子弹或炮弹中,及时追踪敌人的军事行动,在目标区域可以形成非常严密的监视网络,对敌军兵力和装备进行监视。

2. 战场环境侦察与监视系统

与智能微尘相比,该系统的智能化程度更高,能够为制定战斗行动方案提供更加详细和精确地数据情报,例如,能够提供一些特殊地形地域的特种信息等。它具有的提供所需的情报服务能力,是基于"数字化路标"实现的。该系统由撒布型微传感器网络系统、机载和车载型侦察与探测设备等构成。

5.8.2 在环境监测领域中的应用

随着生活质量的不断提高,人们对其周围的环境要求越来越高,而环境科学又是多门学科的一个有机融合。在环境研究方面,传感器网络涉及土壤质量、家畜生长环境、农作物灌溉等诸多领域。

无线传感器网络在环境监测领域中,传感器节点能够实现对温湿度、光照度、降雨量等的监控,也可对环境中的一些突发情况进行预警,例如,在监控森林环境中,有数量庞大的传感器节点分布在森林中,若某处发生火灾的话,传感器节点就会将收集到的数据尽快地传递给远程控制台,控制台就会按照预先设计的规则来判断出发生火灾的具体位置,为尽快开展火灾扑救工作打下基础。

此外,在研究动物的生活习性中,对动物活动的监控也可以借助于无线传感器网络来实现。

5.8.3   在智能家居领域中的应用

现有智能家居是基于有线网络建立起来的,其中,布线这一任务繁重的工作占据了重要部分,且网络处理能力也无法得到人们的认可。鉴于传感器网络的种种优势,其完全可以应用到家居领域中。将传感器节点嵌入到家电和家具中,可以无线地与Internet 建立连接,智能家居的发展得益于家庭网络技术在家庭内部的大力推广。智能家居系统是基于家庭网络实现的,实现家居智能化的前提条件就是,能够实时监控如水、电、气的供给系统等住宅内部的各种信息,在这些信息的基础上,采取一定的控制,能够远程控制房屋的如温度、湿度、有无燃气泄漏、有无小偷入室等。图 5-47 为智能家居构成。

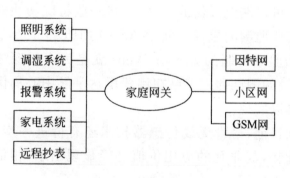

图 5-47   智能家居构成

5.8.4   在建筑物质量监控领域中的应用

对建筑物质量的监控也可以借助于传感器网络来实现,建筑物状态监控(Structure Health Monitoring,SHM)主要用于监测由于对建筑物的修补以及建筑物长时间使用出现的老化现象而导致的一些安全隐患,往往在建筑物中出现的类似于小裂缝等都有在日后造成重大灾难的可能性,而无线传感器网络系统可以及时发现这些情况并针对此类安全隐患采取相应措施。

目前在国内外很多大型桥梁上都应用了大量的无线传感器节点,桥梁上任何某个部位出了问题都可以及时查出并得以解决。

5.8.5　在其他领域中的应用

在其他领域也可以看到无线传感器网络的身影。工作人员可以基于无线传感器网络实现对一些危险的工业环境的安全监测。另外,也可以实现对车辆的监控。此外,在工业自动化生产线等诸多领域也可以应用无线传感器网络。在由无线传感器网络建立的监控系统中,能够有效降低检查设备的成本,停机时间也会因问题被提前发现而得以有效缩短,无形之中延长了设备的使用时间,提高了机器的使用效率。在空间探索中也可以用到传感器网络。可以在航天器的帮助下,将一些特殊功能的传感器节点散播在需要监测的星球表面,NASA 的 JPL(Jet Propulsion Laboratory)实验室研制的 Sensor Webs 就是为火星探测进行技术准备,该系统的测试和完善已在佛罗里达宇航中心周围的环境监测项目中得以实现。

截止到目前,尽管无线传感器技术还有待进一步完善,但由于其种种优势,其非凡的应用价值已经显现出来,相信在未来其会得到更多地应用。

第6章 无线射频识别(RFID)技术及应用研究

6.1 RFID电子标签技术

6.1.1 RFID电子标签概述

电子标签是物品信息的数据载体,标签的设计对于RFID系统十分重要。电子标签主要由标签天线(或线圈)、存储器与控制系统的低电集成电路组成,通常把存储器和控制系统的低电集成电路用芯片实现,如图6-1所示。

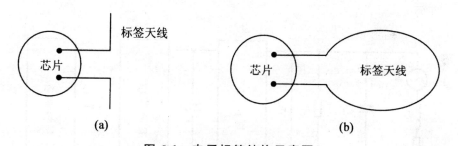

图 6-1 电子标签结构示意图

(a)电偶极子天线;(b)磁偶极子天线

图6-1中所示的标签天线以简单的电偶极子和磁偶极子天线表示。标签天线通过芯片上的两个触点与芯片相连。标签芯片包括微处理器、存储器、整流电路(AC/DC)、编解码电路等部分。

6.1.2 RFID 电子标签芯片设计及制造

1. RFID 电子标签芯片的组成

当电子标签以电子电路为理论基础进行工作时,属于有芯片的电子标签。有芯片的电子标签基本由天线、射频前端(模拟前端)和控制电路 3 个部分组成。从读写器发出的信号被电子标签的天线接收,该信号通过射频前端(模拟前端)电路进入电子标签的控制部分,控制部分对数据流作各种逻辑处理。本节以具有存储功能、但不含微处理器的电子标签为例介绍 RFID 电子标签芯片的组成。

(1)射频前端

①电感耦合工作方式的射频前端。当电子标签进入读写器产生的磁场区域后,电子标签通过与读写器电感耦合产生交变电压。该交变电压通过整流、滤波和稳压后,给电子标签的芯片提供所需的直流电压。电子标签电感耦合的射频前端如图 6-2 所示。

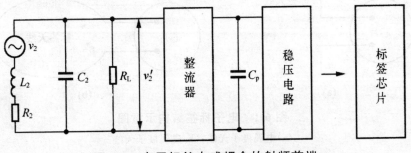

图 6-2 电子标签电感耦合的射频前端

当电子标签与读写器的距离足够近时,电子标签的线圈上就会产生感应电压,RFID 电感耦合系统的电子标签主要是无源的,电子标签获得的能量可以使标签开始工作。

②电磁反向散射工作方式的射频前端。当电子标签采用电

磁反向散射的工作方式时,射频前端有发送电路、接收电路和公共电路 3 个部分,如图 6-3 所示。

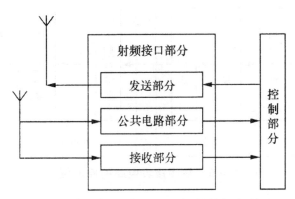

图 6-3　电子标签电磁反向散射的射频前端

a. 发送电路。发送电路(图 6-4)的主要功能是对控制部分输出的数字基带信号进行处理,然后通过电子标签的天线将信息发送给读写器。

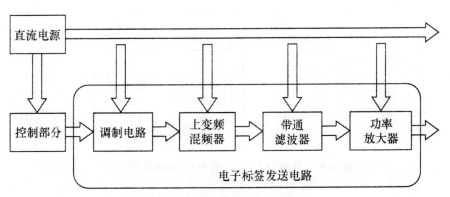

图 6-4　射频发送电路的原理图

b. 接收电路。接收电路(图 6-5)的主要功能是对天线接收到的已调信号进行解调,恢复出数字基带信号,然后送到电子标签的控制部分。

c. 公共电路。公共电路是射频发送和射频接收共同涉及的电路,包括电源产生电路、限制幅度电路、时钟恢复电路和复位电路等。

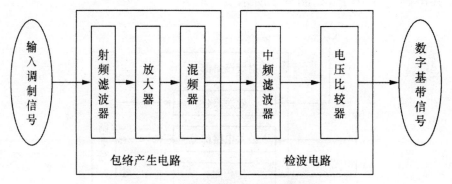

图 6-5　射频接收电路的原理图

（2）控制电路

①电子标签的结构框图。具有存储功能的电子标签结构框图如图 6-6 所示。

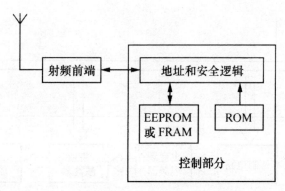

图 6-6　具有存储功能的电子标签结构框图

②控制部分的结构框图。具有存储功能的电子标签,控制部分的电路结构如图 6-7 所示。这种电子标签的主要特点是利用自动状态机在芯片上实现寻址和安全逻辑。数据存储器采用只读内存（Read-Only Memory,ROM）、电可擦可编程只读存储器（Electrically Erasable Programmable Read-Only Memory,EEPROM）、铁电存储器（FRAM）或静止随机存取器（SRAM）等,用于存储不变的数据。数据存储器经过芯片内部的地址和数据

总线,与地址和安全逻辑电路相连。

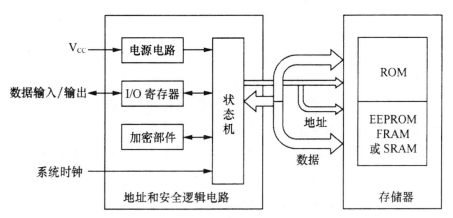

图 6-7　具有存储功能电子标签的控制部分

(3)地址和安全逻辑

这种电子标签没有微处理器,地址和安全逻辑是数据载体的心脏,通过状态机对所有的过程和状态进行有关的控制。

①地址和安全逻辑电路的构成。地址和安全逻辑电路主要由电源电路、时钟电路、I/O 寄存器、加密部件和状态机构成,这几部分的功能如下。

a.电源电路。当电子标签进入读写器的工作区域后,电子标签获得能量,并将其转化为直流电源,使地址和安全逻辑电路处于规定的工作状态。

b.时钟电路。控制与系统同步所需的时钟由射频电路获得,然后被输送到地址和安全逻辑电路。

c.I/O 寄存器。专用的 I/O 寄存器用于同读写器进行数据交换。

d.加密部件。用于数据的加密和密钥的管理。

e.状态机。地址和安全逻辑电路的核心是状态机,状态机对所有的过程和状态进行控制。

②状态机。状态机可以理解为一种装置,它能采取某种操作来响应一个外部事件。具体采取的操作不仅取决于接收到的事件,还取决于各个事件的相对发生顺序。之所以能做到这一点,

是因为装置能跟踪一个内部状态，它会在收到事件后进行更新。这样一来，任何逻辑都可以建模成一系列事件与状态的组合。

（4）存储器

电子标签的档次与存储器的结构密切相关。依存储器的不同，电子标签可以分为以下几种。

①只读电子标签。该标签在识别过程中，内容只能读出不可写入，其所具有的存储器是只读型存储器。

②可写入式电子标签。在识别过程中，内容既可以读出又可以写入的电子标签，是可写入式电子标签。可写入式电子标签可以采用 SRAM 或 FRAM 存储器。

③分段存储的电子标签。当电子标签存储的容量较大时，可以将电子标签的存储器分为多个存储段。每个存储段单元具有独立的功能，存储着不同应用的独立数据。各个存储段单元有单独的密钥保护，以防止非法的访问。

通常来说，一个读写器只有电子标签一个存储段的密钥，只能取得电子标签某一应用的访问权，如图 6-8 所示。在图 6-8 中，某一电子标签具有汽车出入、小区付费、汽车加油和零售付费等多种功能，各种不同的数据分别有各自的密钥；而一个读写器一般只有一个密钥（如汽车出入密钥），只能在该存储段进行访问（如对汽车出入进行收费）。

④具有密码功能的电子标签。对于可写入式电子标签，如果没有密码功能的话，任何读写器都可以对电子标签读出和写入。为了保证系统数据的安全，应该阻止对电子标签未经许可的访问。

可以采取多种方法对电子标签加以保护。对电子标签的保护涉及数据的加密，数据加密可以防止跟踪、窃取或恶意篡改电子标签的信息，从而使数据保持安全性。

分级密钥是指系统有多个密钥，不同的密钥访问权限不同，在应用中可以根据访问权限确定密钥的等级。例如，某一系统具有密钥 A 和密钥 B，电子标签与读写器之间的认证可以由密钥 A

和密钥 B 确定,但密钥 A 和密钥 B 的等级不同,如图 6-9 所示。

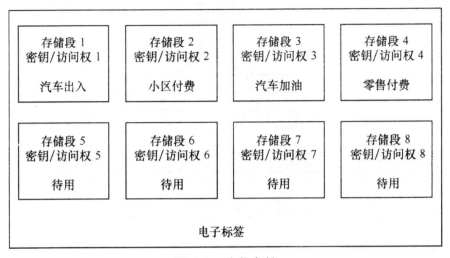

图 6-8 分段存储

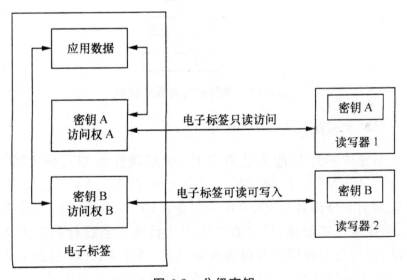

图 6-9 分级密钥

2.标签电路芯片化设计

图 6-10 所示是典型的芯片设计流程,根据芯片设计的复杂度和设计输出要求不同,设计流程会有所变动。

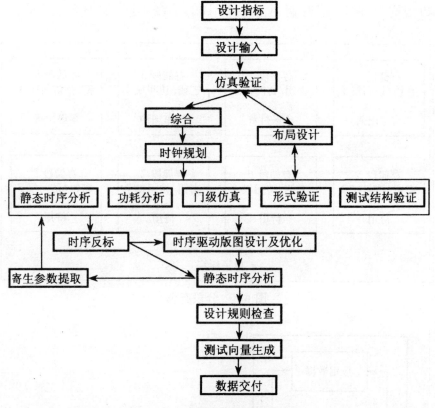

图 6-10　典型的芯片设计流程

3. 芯片制造技术

半导体芯片制造工艺有多种,根据器件类型可分 CMOS、Bipolar、BICMOS 等,根据材料可分为 Si、Ge、GaAs 工艺等,根据衬底类型可分体硅工艺、SOI 工艺等。RFID 应用的特点是批量大,但成本极其敏感,尽管有厂家利用特殊工艺设计制造出相应产品,但综合多种因素及国内实际情况,基于 CMOS 制造工艺的工艺技术比较适合目前应用需求的 RFID 的加工制造。

半导体工艺技术目前已发展至 90nm 和 65nm 阶段。基于 RFID 芯片电路规模往往比较小,且受到封装加工工艺的制约,RFID 芯片尺寸不能无限制地小下去,且出于综合成本等因素的考虑,典型工艺范围可以是 $0.25\mu m \sim 0.6\mu m$。考虑 RFID 要求低电压工作的特点及 NRE 成本因素,$0.35\mu m$ 工艺技术目前比较适合 RFID 设计。

（1）EEPROM 工艺

EEPROM 工艺是在常规 CMOS 工艺基础上，通过增加特定层次，实现 EEPROM 存储单元并同时兼容常规 CMOS 设计的工艺。该工艺适合可擦写 RFID 芯片的设计和制造。EEPROM 存储器利用薄氧化层（在 EEPROM 工艺中称"隧道氧化层"）的隧道穿透（Fowler-Nordheim Tunneling）效应来实现高压时"电可擦除"、低压或掉电时"非挥发性"功能。

EEPROM 存储单元由一个选通晶体管和一个浮栅晶体管组成，单元面积较大，另外，为实现 EEPROM 单元，制造工艺需要增加较多的额外工艺层次，带来加工成本的上升。EEPROM 工艺适合用于成本较高、可反复擦写应用的 RFID 标签芯片。

（2）OTP 工艺

OTP 工艺为一次可编程工艺，目前在常规 CMOS 工艺基础上仅增加一个层次即可实现。OTP 工艺适合一次可编程 RFID 产品的设计与制造。由于工艺相对简单，OTP 工艺的加工成本比 EEPROM 工艺有显著下降，可用于低成本、一次性 RFID 产品的开发。

（3）其他工艺技术要求

RFID 通过感应射频信号获取能量，需要在较低的工作电压下工作。为了进一步实现高效 RFID 性能，在 EEPROM 或 OTP 工艺上可以根据实际情况增加部分工艺技术选项，典型选项包括增加低阈值晶体管或增加肖特基管等。

6.2　RFID 读写器

6.2.1　RFID 读写器的基本组成

1. RFID 读写器的软件

RFID 读写器的所有行为均由软件控制完成。RFID 读写器中的软件按功能划分如图 6-11 所示。

图 6-11　RFID 读写器的软件

2. RFID 读写器的硬件

RFID 读写器的硬件一般由天线、射频模块、控制模块组成，如图 6-12 所示。

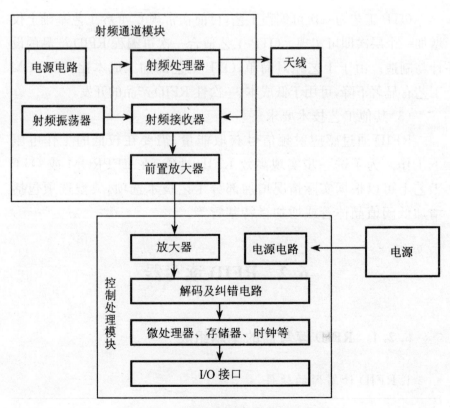

图 6-12　RFID 读写器的基本结构图

6.2.2　RFID 低频读写器

RFID 低频读写器主要工作在 125kHz,可以用于门禁考勤、汽车防盗和动物识别等方面。下面主要介绍基于 U2270B 芯片的低频读写器。

由 U2270B 构成的读写器模块,关键部分是天线、射频读写基站芯片 U2270B 和微处理器(MCU)。由 U2270B 构成的读写器模块如图 6-13 所示。

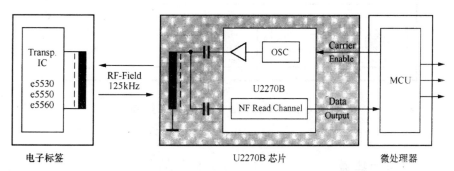

图 6-13　由 U2270B 构成的读写器与电子标签框图

1. 天线

天线一般由铜制漆包线绕制,直径 3cm、线圈 100 圈即可,电感值为 1.35mH。

2. 芯片 U2270B

U2270B 芯片的内部结构如图 6-14 所示。

工作时,基站芯片 U2270B 通过天线以约 125kHz 的射频场为 RFID 电子标签提供能量(电源),同时接收来自 RFID 电子标签的信息,并以曼彻斯特编码输出。U2270B 芯片由发送部分和接收部分构成,其中包含振荡器(OSC)和近场读取信道。

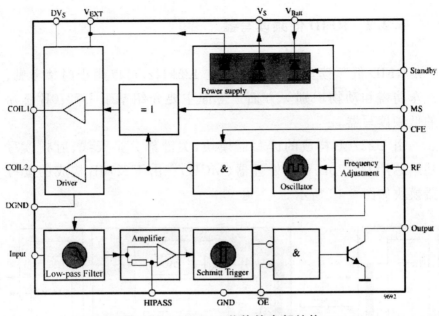

图 6-14 U2270B 芯片的内部结构

3.微处理器

微处理器(MCU)向 U2270B 芯片发出载波使能指令,并通过 U2270B 芯片接收电子标签的输出数据。微处理器可以采用多种型号,如单片机 AT89C251 和单片机 AT89S51 等。

6.2.3 RFID 高频读写器

RFID 高频读写器主要工作在 13.56MHz,典型的应用有我国第二代身份证、电子车票和物流管理等。其卡片分为两类,分别基于 ISO 14443 协议和 ISO 15693 协议。

1.基于 ISO 14443 协议标签卡

ISO 协议是 Contactless Card Standards(非接触式 IC 卡标准)协议。ISO/IEC 14443 的这一部分规定了邻近卡(PICC)的物

理特性。它应用于在耦合设备附近操作的 ID-1 型识别卡。该模块由临近卡(PICC)和邻近耦合设备(PCD)组成。在该协议中严格定义了其物理特性标准,使其在一定程度的紫外线、2X-射线、动态扭曲应力、动态弯曲应力、静态磁场、温度和可变磁场下(12A/m/13.56MHz),仍能正常工作。可实现邻近耦合设备和临近卡之间的双向通信。协议规定了临近卡的初始化和防碰撞算法。

2.基于 ISO 15693 协议标签卡

ISO 15693 标准定义了标签和读写器的接口和数据的通信规范,符合此标准的标签识别距离最远可达 2m。工作频率:工作频率范围为 13.56MHz±7kHz,工作磁场:工作场范围为 0.15A/m~5A/m。读写卡到标签的编码方式采用脉冲位置调制,支持两种编码方式通信速率分别为 1.54kbps 和 26.48kbps。采用防冲突识别算法,对标签可进行读写。

6.2.4　超高频 UHF-900M 读写器

图 6-15 所示为超高频读写器模块阅读器实物图,该模块是本系统所用模块,为基于 ISO-18000-6 标准的射频识别系统。模块

图 6-15　超高频读写器模块阅读器实物图

上有配套天线,使得识别更加迅速高效,理论上识别距离为0~6m,受磁场干扰,硬件设计差异等各个方面的影响,博创公司提供的该模块的有效距离为 0.3m 左右,可快速识别。本模块标签可读写,含二叉树防碰撞识别算法。

6.2.5　微波有源 2.4G 读写器

有源 2.4G 读写器模块,标签为主动式 RFID 标签,电子标签内装有电池,依靠电池工作,通常支持远距离识别。本模块经测试识别距离可达 10m 之远。图 6-16 为有源 2.4G 读写器模块阅读器实物图。

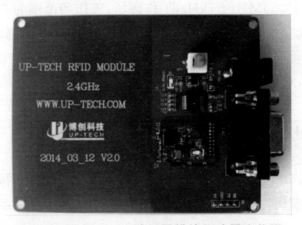

图 6-16　有源 2.4G 读写器模块阅读器实物图

有源 2.4G 卡片由 MCU、外围电路和通讯的芯片组成。在距离较远的情况下可对数据进行解析、处理和分析。其工作原理如下:每个电子标签内存储一个唯一编码,标签上电后,按照预设的规则周期性的进行信号发射,当标签进入到读写器的可识别区域,读写器获取标签发送的信息,进行应答反馈,从而进行标签识别。适用于资产监管定位、大型车辆的远距离识别等场景。

6.3　RFID 中间件

目前,中间件并没有严格的定义。人们普遍接受的定义是,中间件是一种独立的系统软件或服务程序,分布式应用系统借助这种软件,可实现在不同的应用系统之间共享资源。

6.3.1　RFID 中间件的功能定位

1.读写设备管理

RFID 中间件应该提供用户配置、管理、硬件设备参数设置,以及提供直接向读写器传送命令的一致接口。在某些情况下,中间件供应商提供即插即用功能以使用户不用写任何代码就可以动态识别一个新读写器并将其接入系统。

2.协同软件集成

RFID 的使用者将从与协作应用软件共享 RFID 数据中受益,从而共同改进进货量分析手段并与仓库管理协作处理。这意味着 RFID 中间件需要提供协同软件管理等 B2B 的集成特性,并支持 B2B 传输协议,集成 Internet 网络架构。

3.应用集成

RFID 中间件解决方案应该提供消息路由和连接功能以方便将 RFID 数据可靠地集成到已有的 SCM、ERP、WMS、CRM 等应用系统中,这一集成最好通过面向服务的架构技术来实现。RFID 中间件还应该提供像 SAP 或 Manhattan Associates 那样使 WMS 和 SCM 应用规范化的应用适配器库,以及提供 API 接口和适配器来使用 JMS、XML 及 SOAP 等标准技术集成第三方应用。

4.过程管理和应用开发

可协调管理与 RFID 相关的多种应用和多个企业的端到端过程,如仓库供货补给。关键过程管理和复合应用开发特性包括工作流程、角色管理、过程自动化和用户界面开发工具等。

5.动态平衡和数据过滤

基于自动识别技术的 RFID 应用将会产生大量的数据,RFID 中间件就是可靠处理这些数据的第一道防线。RFID 中间件能够在实现数据过滤功能的基础之上,在多个服务器之间动态平衡数据处理任务,并且能够在服务器失败的情况下自动重新路由数据。这个特性普遍存在于 RFID 中间件结构的各个层次之中。

6.封装的 RFID 数据内容

RFID 中间件的主要价值体现在它包含封装的数据路由逻辑与产品数据方案等,并与运输、接收、资产管理和追踪等典型 RFID 相关应用和过程集成。这些特性为企业级 RFID 应用提供了一个便利的基础。

7.标准整合

RFID 中间件能够同时支持常用的协议标准,如 ISO 18000、ISO 15693、ISO 14443 等,并支持协议扩充以兼容第三方软件。

6.3.2　IBM 的 RFID 中间件

IBM 公司推出了以 WebSphere 中间件为基础的 RFID 解决方案,WebSphere 中间件通过与 EPC 平台集成,可以支持全球各大著名厂商生产的各种型号读写器和传感器,可以应用在几乎所有的企业平台。IBM 的 RFID 中间件的架构如图 6-17 所示。

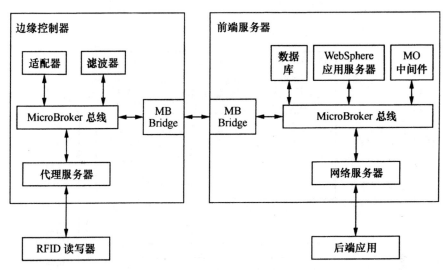

图 6-17　IBM 的 RFID 中间件架构

6.3.3　UCLA 的 RFID 中间件

UCLA 的 RFID 中间件——WinRFID 是加州大学洛杉矶分校无线网络移动企业联盟为了提供 RFID 应用与企业网络的无线集成环境而提出的研究开发目标。

WinRFID 的 RFID 中间件架构如图 6-18 所示，该中间件结构由 5 层构成。

6.3.4　Auto-ID 实验室的 RFID 中间件

Auto-ID 实验室对于 RFID 中间件 Savant 的描述如下：Savant 是一种中间件，用于处理来自一个或多个电子标签的数据（事件数据）流。Savant 实现数据过滤、数据聚合、标签数据计数、减少发送到企业应用系统的数据量等功能。图 6-19 所示是 Savant 结构雏形。

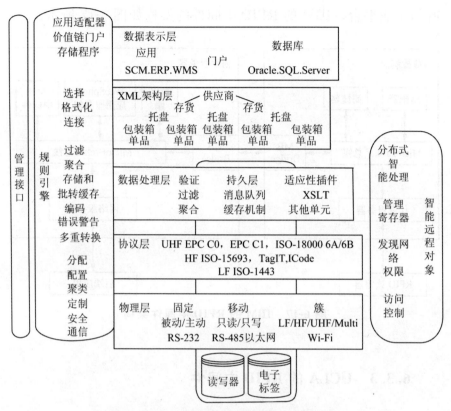

图 6-18　WinRFID 的 RFID 中间件架构

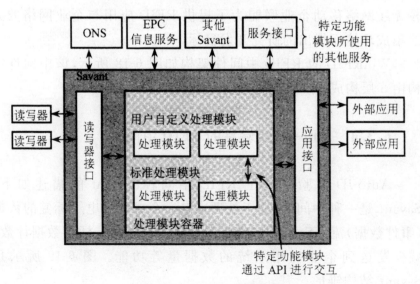

图 6-19　Savant 结构雏形

6.4　RFID 的应用

6.4.1　RFID 在门禁系统中的应用

联网型门禁系统的拓扑图如图 6-20 所示。

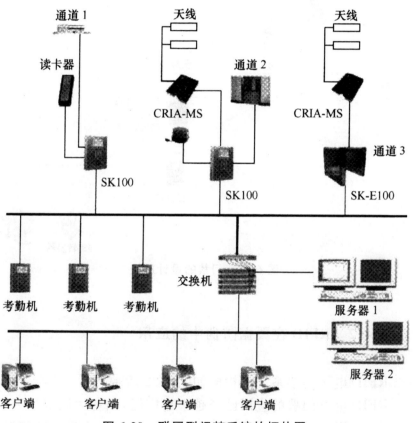

图 6-20　联网型门禁系统的拓扑图

门禁是一种终端形式，使用后台管理系统在管理中心可以实时监控。SK-110 型门禁的设计原理如图 6-21 所示，该系统采用低频远距离感应卡。持卡人员经过通道时，通道后靠近值班室的门会自动打开,RFID 不报警;无卡的人员经过通道时,RFID 报警,管理中心会立即收到报警信号,通过监控系统可进行即时查看。

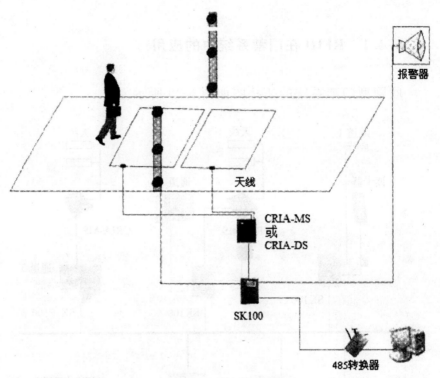

图 6-21　门禁的设计原理

6.4.2　RFID 在票据防伪中的应用

RFID 电子门票系统的构成如图 6-22 所示。

RFID 电子门票的应用已经越来越广泛,如各大旅游景区、体育赛事、电影院、剧院、大型展会等。例如,2010 昆明世界杯就是采用的 RFID 电子门票,与普通门票相比,RFID 电子门票的优势如下所示。

①昆明世界杯电子门票在传统纸质门票的基础上,嵌入拥有全球唯一代码的 RFID 电子芯片,彻底杜绝了假票。RFID 芯片

无法复制,可读可写,防伪手段先进。

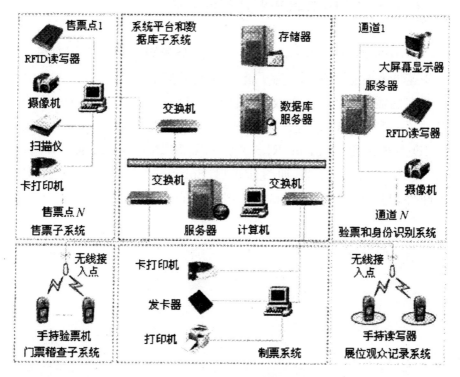

图 6-22 RFID 电子门票系统

②昆明世界杯 RFID 电子门票采用 NXP 公司的 Mifare Ultraligrit 芯片,具有极高的稳定性,而且价格低廉(1 元/张,已含印刷费)。

③由于电子门票无需人工分辨真伪,只需要用 POS 机(手持读写器)靠近电子门票,0.1s 即可分辨真伪,因此可让球迷快速通过检票口。

④在电话或网络订票时,售票人员已经将买票人购票的种类、门票价格、购票人姓名和电话号码等信息写入电脑,并写入 RFID 电子门票的芯片中。这样就避免进错入口找不到座位而引起的混乱。

6.4.3　RFID 在汽车制造领域的应用

德国的 ZF Friedrichshafen 公司是全球知名的为商用车辆生产变速器和底盘的厂家,为了能够准确及时、按生产排序供货,满足顾客的需求,提高工作效率与经济利益,ZF Friedrichshafe 公司引进了一套 RFID 系统来追踪和引导 8 速变速器的生产。这套 RFID 系统采用 Siemens RF660 读写器和 Psion Teklogix Workabout Pro 手持读写器,通过 RF-IT Solutions 公司生产的 RFID 中间件,与 ZF Friedrichshafe 公司其他的应用软件连接。

第7章 物联网技术及应用研究

7.1 物联网概述

工业和信息化部电信研究院在《物联网白皮书》中认为：物联网是通信网和互联网的拓展应用和网络延伸，它利用感知技术与智能装置对物理世界进行感知识别，通过网络传输互连，进行计算、处理和知识挖掘，实现人与物、物与物的信息交互和无缝连接，达到对物理世界实时控制、精确管理和科学决策的目的。

7.1.1 物联网体系架构

物联网体系架构如图 7-1 所示。

物联网体系架构中，感知层、网络层、应用层的描述如图 7-2 所示。

7.1.2 物联网标准

主要的物联网标准组织分类及其作用如图 7-3 所示。

7.1.3 物联网的发展展望

随着物联网和传感器网技术的蓬勃发展，我国物联网产业的发展也正式提上议事日程，已形成初步的自主的物联网标准体系和研究框架，并且在智能电网、智能工业、智能物流、智能农业、智能环保、城市公共安全、城市智能交通、周界防入侵、智能家居和智能医护等方面启动了较大规模的物联网示范应用工程。同时，物联网结合传统产业的发展与应用，也对其计算与处理、关键软件系统、关键核心芯片与设备及核心智能算法等提出了越来越高的要求。

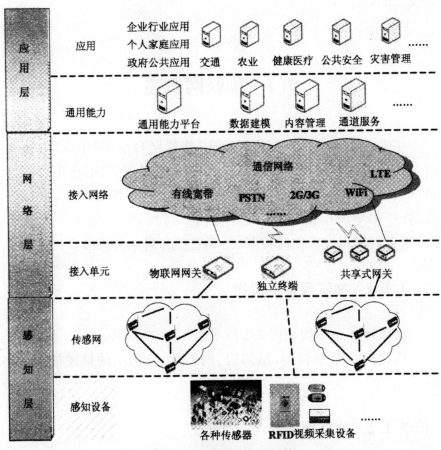

图 7-1　物联网体系架构

应用层主要包含各类应用服务，如监控服务、智能电网、工业监控、绿色农业、智能家居、环境监控、公共安全等
网络层主要实现信息的接入、传输和通信，包括接入层和核心层
感知层主要实现智能感知和交互功能，包括信息采集、捕获、物体识别和控制等

图 7-2　物联网体系架构中各层的描述

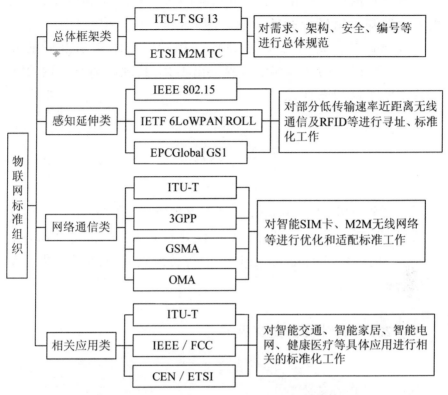

图 7-3 物联网标准组织分类及其作用

　　我国在传感器技术、传感器网络技术、射频识别技术、下一代无线通信技术、下一代互联网技术等方面经过了多年的发展,已经取得了长足的进步,对于物联网所涉及的单元技术具有了一定的技术储备。但是,在整个物联网的生态环境中,我们在核心的知识产权,特别是关键性的芯片、设备及软件算法等方面,仍需要进一步提高。目前,物联网已经获得产业和研究界的普遍关注,并获得了行政部门的大力支持,应瞄准世界领先的水准,抢占这一未来信息技术的制高点。物联网可以提供随时随地服务、安全、规模化、低成本、高可靠、高性能的服务。通过云计算模式,可以完成广域范围的物联网应用服务;通过海计算模式,可以完成物联网局部区域的独立应用服务。

　　云海结合的计算模式是物联网的典型特征,主要研究如何利用海量节点的前端智能,通过节点间的协同自组织和自反馈,达到智能感知及精确控制的目的。因此,和云计算模式相比,海计算模式面临更多新的挑战,也将成为物联网技术未来发展的方向。"云海计算"的模式在学术界提出不久,其理论体系和内容还需要不断丰富和完善。

7.2　云计算

云计算(Cloud Computing)是网格计算(Grid Computing)、分布式计算(Distributed Computing)、并行计算(Parallel Computing)、效用计算(Utility Computing)等传统计算机和网络技术发展融合的产物。

7.2.1　云计算的定义及特征

1. 云计算的定义

云计算概念的出现是整个 IT 产业自然发展和演化的必然结果。这些发展和演化不仅表现在服务理论方面的创新,更涉及技术方面的进步。当前流行的云计算是一种通过网络将弹性可扩展的共享物理和虚拟资源池以按需自服务的方式提供和管理的模式。目前关于云计算还没有统一的定义,不同的组织、机构、企业分别从多个不同的角度给出了自己的定义,如图 7-4 所示是云计算的一些主流的定义。

2. 云计算的特征

为了对云计算有一个全面的了解,这里进一步总结云计算所具有的特征,具体如下所示。

（1）以网络为中心

云计算的组件和整体架构通过网络连接在一起并存在于网

络中,还通过网络向用户提供服务。

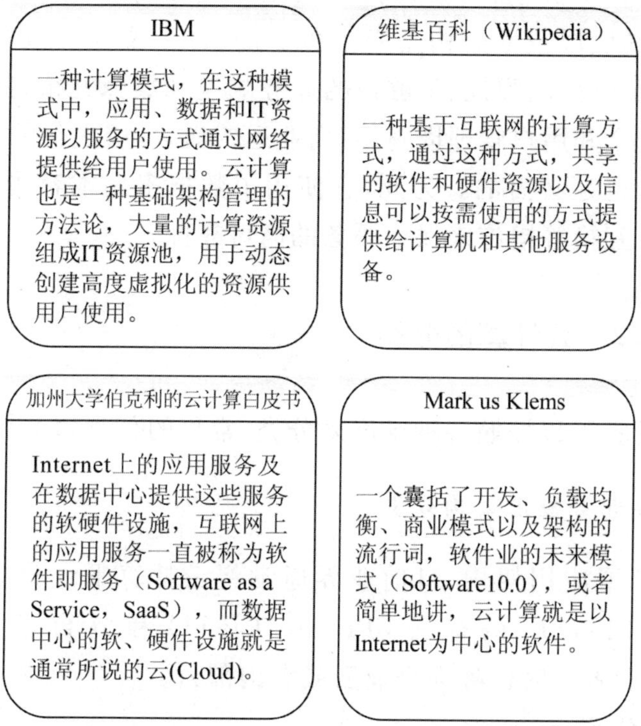

IBM	维基百科（Wikipedia）
一种计算模式,在这种模式中,应用、数据和IT资源以服务的方式通过网络提供给用户使用。云计算也是一种基础架构管理的方法论,大量的计算资源组成IT资源池,用于动态创建高度虚拟化的资源供用户使用。	一种基于互联网的计算方式,通过这种方式,共享的软件和硬件资源以及信息可以按需使用的方式提供给计算机和其他服务设备。
加州大学伯克利的云计算白皮书	Mark us Klems
Internet上的应用服务及在数据中心提供这些服务的软硬件设施,互联网上的应用服务一直被称为软件即服务（Software as a Service,SaaS）,而数据中心的软、硬件设施就是通常所说的云(Cloud)。	一个囊括了开发、负载均衡、商业模式以及架构的流行词,软件业的未来模式（Software10.0）,或者简单地讲,云计算就是以Internet为中心的软件。

图 7-4　云计算的主流的定义

（2）以服务为提供方式

与传统的一次性买断统一规格的有形产品的形式不同,云计算实现了用户根据自己的个性化需求提供多层次的服务;云服务的提供者为满足不同用户的个性化需求,可以从一片大云中进行切割,从而组合或塑造出各种形态特征的云。

（3）资源的池化与透明化

云服务提供者的各种底层资源（计算/存储/网络/逻辑资源等）被池化,从而方便以多用户租用模式被所有用户使用,所有资源可以被统一管理、调度,为用户提供按需服务。对用户而言,这些资源是透明的、无限大的,用户一般不知道资源的确切位置,也不了解资源池复杂的内部结构、实现方法和地理分布等,只需要关心自己的需求是否得到满足。

(4)高扩展高可靠性

云计算要快速、灵活、高效、安全地满足海量用户的海量需求,完善的底层技术架构是必不可少的,这个架构应该有足够大的容量、足够好的弹性、足够快的业务响应和故障冗余机制、足够完备的安全和用户管理措施;对商业运营而言,层次化的 SLA、灵活的计费也是必需的。为此,它使用了数据多副本容错、计算节点同构可互换等措施来保证服务的高可靠性。

7.2.2　云计算的分类

云计算可以按照各种维度来分类,常见的分类如下。

1.按部署应用架构分类

按部署应用架构,目前业界通常将云计算平台分成公有云(Public Cloud)、私有云(Private Cloud)和混合云(Hybrid Cloud),后者有时也称为企业云或者内部云。

(1)公有云

公有云是 IT 业互联网化的体现,由公共客户共享,提供较为完整的 IT 应用外包的云计算服务。公有云归某个组织所有,该组织以云服务的方式向外出售其计算能力。到底是否使用公有云,一般需考虑如下因素。

①数据安全性。一般来说,对于数据安全性和隐私要求高的企业选择公有云的几率较小,即便公有云承诺提供用户定义的数据标准和加密保护。

②审计能力。公有云屏蔽了用户对系统的审计能力,而这对于某些国家政务和金融保险应用来说是必要的,比如欧洲就不允许隐私数据跨国流动。

③服务连续性。与私有云相比,公有云的业务连续性更容易受到外界因素的影响,包括网络故障和服务干扰。如亚马逊 S3 服务从 2008 年 2 月 15 日上午 7:30～10:17 之间大约停止服务 3

个小时,导致所有对 S3 的请求均告瘫痪。

④综合使用成本。根据咨询公司麦肯锡对亚马逊 EC2 价格的分析,从使用是否经济性上看,对计算资源实例(即计算机的配置)要求不高的中小型企业大多适合使用公有云服务;而对计算资源实例要求高的大型企业则更适合于构建自己的私有云平台。

(2)私有云

私有云是针对类似于金融机构或政府机构等单个机构特别定制的,专为该机构内部提供各类云计算的服务。它可以是场内服务或场外服务,可以被使用它的组织自行管理或被第三方托管。

公有云和私有云相比,二者在技术上并没有本质差异,只是运营和使用对象有所不同:公有云是指企业使用其他单位运营的云平台服务;而私有云则是企业自己运营并使用云平台服务。

(3)混合云

混合云表现为公有云和私有云等的组合,同时向公共客户和机构内部客户等提供相关云计算服务。混合云的每个组成部分(云)仍然是独立的实体,它们通过规范化的或专门的技术被捆绑到一起,数据和应用程序在这些云之间具有可移植性。

2.按服务类型分类

按服务类型(XaaS),云计算可以分为基础架构即服务(Infrastructure as a Service,IaaS)、平台即服务(Platform as a Service,PaaS)、软件即服务(Software as a Service,SaaS)等。如图 7-5 所示。这是一种按照服务类型来分类的"传统"方式。

(1)基础架构即服务 IaaS

IaaS 将硬件设备等基础资源封装成服务的形式提供给用户,如虚拟主机/存储/网络/数据库管理等资源。用户无需购买服务器、网络设备、存储设备,只需通过互联网租赁即可搭建自己的应用系统。典型案例为:Amazon Web Service(AWS)。IaaS 最大的优势在于它允许用户动态申请或释放节点,按使用量计费。运行

IaaS 的服务器有几十台之多,其能够申请的资源几乎是无限的。此外,由于 IaaS 由公众共享,其资源的使用效率更高。

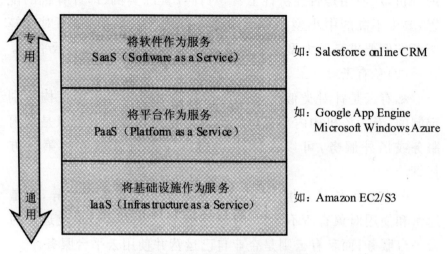

图 7-5　云计算的服务类型

(2)平台即服务 PaaS

PaaS 对资源的抽象层次更进一步,它提供用户应用程序的运行环境,如互联网应用编程接口/运行平台等。用户基于该平台可以构建该类应用。典型案例为:Google App Engine、Force. com 和 Microsoft Windows Azure。Force. com 是 Salesforce. com 推出的一组集成的工具和应用程序服务,在 Force. com 平台上运行的业务应用程序已超过 80000 个。例如,EthicsPoint 充分利用 Force. com 提供的资源,开发定制化的应用,先后创建了全新的自定义应用程序"客户端合作伙伴体验"用来跟踪实施支持和服务,以及自定义"合同"选项卡用来支持财务部管理合同的工作流和详细信息,赢得了业绩。PaaS 优点是自身负责资源的动态扩展和容错管理,用户应用程序不必过多考虑节点间的配合问题。但与此同时也降低了用户的自主权,使其不得不使用特定的编程环境并遵照特定的编程模型,因此,只适用于解决某些特定的计算问题。例如,Google App Engine 只允许使用 Python 和 Java 语言、基于称为 Django 的 Web 应用框架、调用 Google App Engine

SDK 来开发在线应用服务。

（3）软件即服务 SaaS

SaaS 具有更强的针对性，它将某些特定应用软件功能封装成服务。用户不必购买软件，只要根据需要租用软件即可。典型案例为：Google Docs、Salesforce CRM、Oracle CRM On Demand 和 Office Live Workspace。SaaS 既不像 PaaS 一样提供计算或存储资源类型的服务，也不像 IaaS 一样提供运行用户自定义应用程序的环境，它只提供某些专门用途的服务供应用调用。

云计算的深化发展促进了不同云计算解决方案之间的相互渗透融合，同一种产品横跨两种以上类型的情况并不少见。例如，Amazon Web Services 是以 IaaS 发展的，但新提供的弹性 MapReduce 服务模仿了 Google 的 MapReduce，简单数据库服务 SimpleDB 模仿了 Google 的 Bigtable，这两者属于 PaaS 的范畴，而它新提供的电子商务服务 FPS 和 DevPay 以及网站访问统计服务 Alexa Web 服务，则属于 SaaS 的范畴。

7.2.3　云计算体系结构

1. 通用的云计算体系结构

云计算平台是一个强大的"云"网络，由于它是多种技术混合演进的结果，连接了大量并发的网络计算和服务，成熟度较高，又有大公司推动，发展极为快速。

云计算可利用虚拟化技术扩展每一个服务器的能力，将各自的资源通过云计算平台结合起来，提供超级计算和存储能力。通用的云计算体系结构包括云用户端、管理系统、部署工具、服务目录、资源监控以及服务器集群，其关系如图 7-6 所示。

2. 云计算技术体系结构

云计算为众多用户提供了一种新的高效率计算模式，兼有互联网服务的便利、廉价和大型机的能力。其技术层次主要从系统属性和设计思想角度来说明。从云计算技术角度来分,云计算大约由 4 个部分构成:物理资源、虚拟化资源、中间件管理部分和服务接口,如图 7-7 所示。

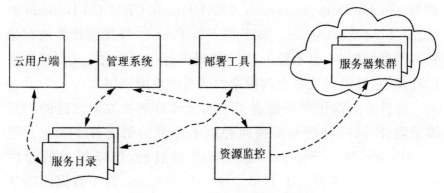

图 7-6　通用的云计算体系结构

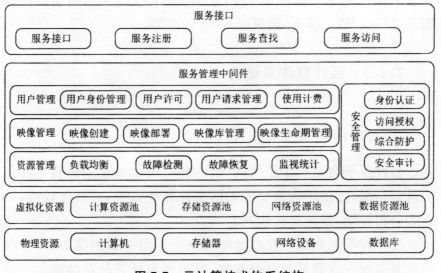

图 7-7　云计算技术体系结构

7.2.4　云计算要素剖析

　　面对当前层出不穷的各种云计算服务,想要选择适合自己所需要的云计算系统及服务,就必须先了解如何分析与评估云计算系统,以及这些云计算系统所提供的服务和它们之间的差异。因此有必要对云计算系统的各个特点进行总结,提取最能体现云计算价值的要素。

云计算要素可总体上分成以下几个层次:

①目标系统所能提供的计算性资源,如服务器、存储、Web 服务器部署等。

②目标系统实现服务的架构与技术原理,这决定了目标系统提供服务的虚拟化与抽象层次,从而影响目标系统的通用性和灵活性,以及用户现有系统移植到云系统的可行性与费用。

③目标系统是否实现了标准化的服务接口,这决定了用户使用目标系统服务所实现业务的扩展性、安全性以及是否会被目标系统锁定,也即难以把业务转移到其他云系统中。

对上述 3 个方面的要素分析完成后,还要进一步考察目标云系统的 SLA 承诺及服务收费标准,尤其是隐含的收费项目和收费计算方式。

1. 资源的虚拟化与抽象程度

对于给定类型的资源,虚拟化的层次(或"抽象"的层次)指标决定了向云服务用户所提供的界面,包括低层次的界面(类似于虚拟化的服务器)和高层次界面(如为某类商业应用定制的应用编程环境)。云计算系统可以提供的计算资源是其首要的考察指标,云计算系统可以提供的计算资源主要分成以下两类。

(1)存储资源

存储的解决方案同样存在着不同层次的抽象,但没有严格的高低层次之分。在低层,如 Amazon 的 EBS(Elastic Block Store)为 EC2 的虚拟机提供块存储设备,块存储设备是非常底层的非结构化虚拟设备,通常其上覆盖有一层文件系统,提供结构化的文件目录层次。更高点层次,有 Gogrid 和 Flexiscale 提供的文件服务类型的存储,提供文件系统层次的抽象服务,用户可以按正常方式存取通过目录层次组织的文件。另一个比较常见的存储服务类型是数据库存储,虽然传统型的关系数据及 SQL 标准是当今大多数应用采纳的主流数据库方案,但是这种方案对于大型 Web 应用来说难以扩展。因此许多云服务商提供的是伪关系型数据库,存放的是块结构化数据。Amazon 的 SimpleDB 提供类 SQL 查询语言的数据库访问,GAE 提供"数据存储 API"来交互 Google 的类关系型数据库 BigTable,其使用的语言为 GOL。

(2)计算性资源

计算性资源主要由通过底层硬件层的虚拟技术提供,或者是上层的应用系统主机部署服务提供。

①底层服务。底层服务,如 EC2、GoGrid、Mosso 云服务器和 FlexiScale 提供"指令集"虚拟化,也即提供的服务更接近标准的专用服务器。对于开发者而言,与传统的专用物理服务器没什么区别,除了虚拟化的服务器被部署在某个未知的物理机上,与其他用户共享该物理机的软、硬件资源。

②相对高层一点服务。相对高层一点服务,如 Mosso 的云站点服务也提供虚拟机,但是用户不能完全控制虚拟机。每个虚拟机都有一个预先安装的操作系统、一系列管理与预配置的软件包。这种半管理化的虚拟机与传统的共享网站主机类似。

与第一层的服务相比,其不同点在于:用户不能管理系统软件,此外,用户也不能运行 Mosso 所不支持的其他软件。换句话说,如果 Mosso 提供的软件满足用户的需求,那么用户就无需安装与管理软件,减轻了用户的负担。

③"字节码"层次的虚拟化。Microsoft 的 Azure 则提供了一种"字节码"层次的虚拟化,类似于 SUN 公司的 Java 虚拟机,提供适应不同硬件系统的一种通用性平台。Azure 提供了一系列的 API,云中的应用代码可以与其他云服务进行通信。这些 API 与操作系统的底层调用类似,也接近于 Web 应用的框架。

④更高层次抽象的云计算系统。更高层次抽象的云计算系统,如 Heroku 和 Engine Yard Solo 系统,提供基于 Ruby 语言实

现的 Rails 框架(一种 Web 应用软件架构)。与 Mosso Cloud Sites 和其他标准的共享主机供应商相比,Heroku 和 Engine Yard Solo 更倾向于提供特定的网络应用框架(和编程语言),这种定制化方案使其所提供的服务更利于自动管理,如监控、扩展、快速开发与部署等。

需要注意的是,Heroku 和 Engine Yard Solo 系统事实上是部署在 Amazon 的 EC2 云系统上的。

⑤从底层构建起 Web 应用架构。GAE 也提供类似的特定 Web 应用架构,所不同的是 App Engine 是建立在 Google 自己的云系统上,而不是基于其他云服务提供的"增值"性服务。它是利用 Google 的专家与技术从底层构建起 Web 应用架构,这一点很重要。前述的 Ruby on Rails 是一种通用的 Web 应用架构,无缝的性能扩展并不是其天然的特性。而 GAE 则可提供完美的扩展性能。

大多数云服务器同时提供上述两类服务,但分开计费。例如,Amazon 提供几种不同类型的存储服务,其中一个与 EC2(EBS)绑定,另外两个是独立的服务。一般情况下,最终部署在 Amazon 云中的应用系统对于存储与计算性资源都是需要,应根据用户的需要进行选择,如 SmugMug 最先使用的 Amazon 的 S3,而没有选择 EC2 来部署其网站。

2.通用性与灵活性

云计算系统的通用性与灵活性与其虚拟化或抽象程度在某种意义上是成反比的。越低层的计算资源具有越好的通用性。

①可执行任意功能的指令集虚拟机。

②没有管理权限,但能通过不同的软件实现虚拟机一般化的管理,如共享网站主机。

③抽象安全虚拟机(如 Java 的 VM)带有低层和高层 API。

④特定的通用型 Web 框架。

⑤面向某个领域型的 Web 框架,如商业应用方面等。

上述内容从上到下按抽象层次递增的,低层次资源服务通常支持高层次(需要更多的配置与开发工作)。最低层次的服务如EC2与专用的物理服务器几乎等同,只不过其硬件、网络链接、电源由合同的第三方来管理,用户可在其上启动任意软件。随着抽象层次的递增,第三方提供更多的管理与配置软件,通用性也逐渐减少。因为面向特定需求的Web应用是云服务的一个重要组成部分,所以高层次解决方案低通用性并不会对这些云服务提供商造成商业推广上的阻碍。

3.向下兼容性

向下兼容性对于许多与IT相关的项目而言是周期性的问题,遗留系统是留存到现在的计算机系统或程序,这些系统或程序大多使用过时的技术但仍能继续使用且工作良好。迁移到云中,云计算系统对于多数应用的性能或功能均有提升作用。

对于遗留系统的支持在一定程度上取决于云系统的通用性——低层的"指令集"虚拟机基本上可以支持任一给定指令集所编创的软件。另外,App Engine与Ruby on Rails提供类似的通用性,但是App Engine是在Google的云的底层创建的,因此对于遗留系统的支持并不是其目标之一,因此开发者大多数从零开始创建基于App Engine的Web应用。Ruby on Rails则可以迁入现有的所有基于Rails的Web应用。如果需要从零开始创建一个新的系统,则使用高层次及特定性的解决方案一般要更便捷一些。如果一个大型的已有应用要迁移到云中,则情况可能会相当复杂。总体来说,遗留系统的云计算支持的是一个复杂的问题,因为即使遗留系统可以在云中运行,也会遇到扩展性方面的问题。究竟需要迁移现有系统还是重新创建是一个需要权衡的问题。

4.标准化

实施标准化对于用户而言具有以下几个好处:

①价格优势以及易于获取替代(许多制造商生产一致的产品)。

②与其他产品的互操作性。

③对于定制的技术透明化。

对于制造商来说,潜在的竞争阻止其提供标准化的产品。但制造商必须要在提供专有产品与标准化产品之间进行选择。标准化产品一般伴随有特定组织维护的标准化技术,如 ANSI 和 ISO,标准化与平台锁定有着很深的关联。

CCIF 是云计算互操作性论坛,它由 IBM、Sun、Cisco 与 Intel 公司组成,致力于云计算的标准化与互操作性问题。CCIF 声明不允许任何一家制造商使用特定的技术来获取市场的主动与优势。只要有可能,CCIF 强调使用开放、免费专利以及(或)制造商中立技术解决方案。主要的云提供商与工业参与者对于标准的看法不同,Google、Amazon 和 IBM 是开源软件与开源标准的主要提倡者,而微软公司的态度则比较隐晦。

5.安全性

安全作为 IT 项目持续关注的焦点之一,与其他项目相关的特性相比,其具有难量化的特点。对云计算服务商来说,云计算的安全评估最终取决于其在安全方面的记录,但是因为安全方面的问题一般来说是不公开的,除非法律有要求,因此很难比较各个公司的安全记录。如 SLA,公司一般在合同中指出如果因供应商的过失而导致安全问题,会有一定的补偿,但这样的条款没有任何意义,因为安全问题不像服务问题那样容易观察到。

对于用户而言,希望他们的数据能够对外来攻击者及内部的监听者(云服务商的内部员工)都是安全的。虽然数据窃贼与监听可以通过对云中的数据采用适当加密来抵御,但加密不能抵抗诸如 DoS(服务拒绝)攻击及数据删除和损坏。早期的研究人员如 Amazon S3 提议,"用户应该运用某种数据认证技术来确保他们从 S3 中取回的数据与其存储的数据完全一致"。服务完整性也是另一个安全问题：用户需要确认其使用的服务可以抵抗 DoS 攻击或被劫持。后者更为隐蔽，如第三方可能控制用户的商业网站，然后破坏该用户的名誉。隔离也是一个相关的问题——云计算服务商同样使用共同的软、硬件架构为多个用户提供服务，虽然资源的虚拟化阻止了用户自己处理与其他人协同共享资源，但是服务商必须要确保多用户彼此之间不能相互干涉。

6.平台锁定

锁定是云计算大范围推广的重要阻碍。由于缺乏竞争与兼容性的产品，用户可能被绑定在某个特定的云计算系统中，很少有直接可互相替换的云服务。用户被绑定后，会面临一系列的问题，如服务价格提升、特定系统崩溃或停止运营等。

标准化与锁定有很深的关联度。但是标准只能减少锁定带来的技术障碍，即使产品是标准化的，也未必会有与原产品同样服务水平的替代产品。此外，即便系统接口是公开标准的，但产品的实现则是不公开的。接口透明化能实现兼容性与互替换能力，但并不能保证替代的产品与原产品具有一样的性能与扩展能力。AppDrop 项目基于 Amazon，提供与 GAE 一致的接口，可以让 GAE 的应用直接运行在 Amazon 上。但并不意味着 AppDrop 与 GAE 具有同样的可扩展性。

开发工具也易于形成平台锁定，尤其是一些制造商提供增值工具，例如，微软公司的 Azure 即是基于它自己的开发工具平台来实现的，其中大多数不可替代。

数据锁定是平台锁定中的一个子问题。数据锁定关注大量数据存储在某个云供应商中。相较于应用而言，数据难以重建，数据锁定在平台锁定概念中占重要地位。例如，SmugMug 的大部分数据存储在 Amazon 的 S3 服务器中。如果 Amazon 出了问题，SmugMug 会不会丢失其数据？如果 SmugMug 只是依托云计算提供的计算性能力，则 SmugMug 重建自己的云应用要比重建所有用户存储的照片数据要容易得多。另外，若 SmugMug 需要迁移到另外的云服务中,它应该如何迁移所有的数据? 对于这些问题的回答,是云服务能否被大规模接受的关键。

7. 扩展性

扩展性是基于云计算应用的关键问题之一。云计算最关键的优势在于能提供无限量的、按需供应的资源。大多数情况下,即使有可使用的资源,软件架构中某些部分也会成为瓶颈阻碍系统扩展。创建支持十万乃至百万客户访问的 Web 应用极为困难,但对于 Amazon 和 Google 这样的公司来说,他们拥有必要的经验与技术。因此评估云计算供应商重要的一点即在于其是否能帮助用户实现可扩展性。

云系统能提供的自动扩展能力与虚拟化的层次相反。提供高层次可扩展性支持,如 GAE,具有专业化的领域知识,对于无缝化的扩展驻留应用具有深入洞察力。App Engine 的高层次抽象也是针对可扩展性开发模型而特定设计的。用来对应用进行扩展的知识与技术来自于对可扩展性问题的深入研究与领域知识。

8. SLA

因为服务中断会造成严重的损失,因此云计算的用户必须要确保为他们提供服务的服务供应商能够足够可靠。通常,服务供应商会采用服务水平协议的方式,通过合同的方式来承诺一定级别的可靠性。如果服务没达到合同指定的水平,一般这样的承诺会带有经济上的补偿。Amazon 是云计算 SLA 的工业领跑者,是第一个提供其全部产品的 SLA。微软至今仍未公开其 SLA 的细节。GAE 也没有提供 SLA,但其承诺将会公布 SLA 的细节。

9. 资源计费

按资源收费是云计算服务最显著的特征,云计算服务中账单的结算是按资源的动态使用结算的。因此使用 1000 个服务 1h 与使用 1 个服务器 1000h 是等同的。目前,不同云计算服务商收费的区别倒是不在于特定资源的价格,而是资源是如何计量和收取费用的。虽然有一定的资源使用计费是很应该的(如存储与计算时间),但用户一定要了解与这些基础性的收费项目相关的附带收费。例如,Amazon 的收费基本项目是"计算"与"存储",一般是按小时计,以及每吉比特/月来收费的。但是 Amazon 同时也按网络数据传输的出入计量收取费用,以及某些服务的请求次数来收费的。

7.2.5 云计算与物联网

从云计算角度看,云计算模式强调了物联网应用层信息的综合计算与服务,是物联网的重要计算模式。因此,物联网可作为云计算的一种具体应用看待,如图 7-8 所示。

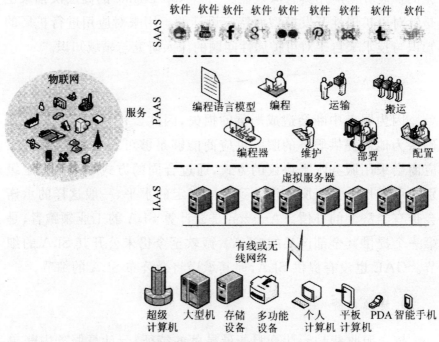

图 7-8 从云计算角度看物联网云计算联合架构

物联网提出需求,云计算提供相应的低价高质服务,可以实现新商业模式的快速创新,促进物联网和互联网的智能融合。

7.3 移动计算

如今,越来越多的用户将把手机作为其访问互联网的主要设备。移动互联网终端应用的推广面临着 3 个基本挑战:

①网络终端的安全性和可管理性问题,比如设备更换和丢失频繁,用户不具备计算机使用经验等。

②设备电池容量有限,使移动终端本身的功能和性能受到限制,无法直接运行 PC 上的传统应用程序。

③网络不稳定带来的连接断续和带宽振荡问题等。因而移动互联网更加需要云计算的支持。

对于网络终端的安全性和可管理性问题,可将数据存储在云上,使数据的存放、搜索与读取更加可靠,利用云计算技术保证了系统的安全性与管理性;将计算放到云上执行,扩展了移动终端的能力,同时也降低了功耗。

理想的移动计算平台应对操作系统本身、各种应用和用户数据均能进行透明的网络化管理,对用户来说,无需知道自己正在运行哪一类应用程序,都可有效支持;无需知道该程序的数据和代码存放的位置;无需关心程序的执行地点;无需关心操作系统和程序的安装、升级、杀毒、卸载等;离线和网络带宽较低时仍能提供部分服务。

7.4 GPS/北斗

7.4.1 GPS 导航系统

GPS 是全球定位系统(Global Positioning System)的英文

缩写。

1. GPS 的组成

GPS 主要由 GPS 卫星星座（空间部分）、地面监控部分、用户接收处理部分组成，如图 7-9 所示。

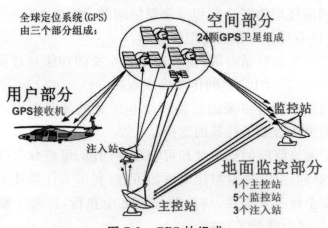

图 7-9 GPS 的组成

（1）空间部分

如图 7-10 所示，GPS 的空间部分由 24 颗 GPS 工作卫星组

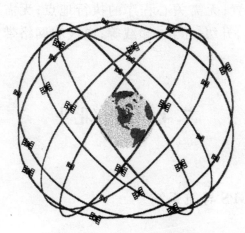

图 7-10 GPS 卫星星座

成,这 24 颗卫星分布在 6 个倾角为 55°的轨道上绕地球运行,各轨道平面升交点的赤经相差 60°。在相邻轨道上,卫星的升交距角相差 30°。轨道平均高度约为 20200km,卫星运行周期为 11 小时 58 分钟。每颗卫星每天约有 5 个小时在地平线以上运行,同时位于地平线以上的卫星数目,随时间和地点而异,但最少为 4颗,最多可达 11 颗。

GPS 卫星的主体呈圆柱形,直径约为 1.5m,重约 774kg(包括 310kg 燃料),两侧设有两块双叶太阳能板,能自动对日定向,以保证卫星正常工作用电(图 7-11)。

图 7-11　GPS 卫星

(2)地面监控部分

GPS 的地面监控部分由分布在全球的 5 个地面站组成,包括卫星监测站、主控站和信息注入站三大部分。监测站是在主控站直接控制下的数据自动采集中心。站内设有双频 GPS 接收机、高精度原子钟、计算机及环境数据传感器等,其具体分布如图 7-12 所示。

(3)用户接收处理部分

GPS 的用户接收处理部分由 GPS 接收机、数据处理软件及相应的用户设备组成,如图 7-13 所示。它可接收 GPS 卫星所发出的信号,并利用这些信号进行导航定位工作。

图 7-12 GPS 的地面监控部分

图 7-13 GPS 接收机

2. GPS 的应用

(1)海陆空运动载体(车、船、飞机)导航

海陆空运动载体导航[①]是卫星导航定位系统应用最广的领域。根据 GPS 的精度和动态适应能力,它还可直接用于飞机的航路导航,也是目前中、远航线上最好的导航系统。基于 GPS 或

----

① 海陆空运动载体(车、船、飞机)导航是指利用 GPS 对海上的船只、出租车、租车服务、物流配送等行业进行连续、高精度实时定位导航,有助于海陆空运动载体精确运行,节省时间和燃料以及成本。

差分 GPS 的组合系统将会取代或部分取代现有的仪表着陆系统（ILS）和微波着陆系统（MLS），并使飞机的进场、着陆变得更为灵活，机载和地面设备更为简洁、廉价。如图 7-14 所示。

图 7-14　车、船、飞机导航

（2）在交通、监控、智能交通中的应用

随着社会的发展进步，实现对道路交通运输、水运、铁路运输等车辆的动态跟踪和监控非常重要。将 GPS 接收机安装在车上，能实时获得被监控车辆的动态地理位置及状态等信息，并通过无线通信网将这些信息传送到监控中心，监控中心的显示屏上可实时显示出目标的准确位置、速度、运动方向、车辆状态等用户感兴趣的参数，方便调度管理，提高运营效率，确保车辆的安全，从而达到监控的目的。如图 7-15 所示。

（3）GPS 在其他领域中的应用

当今手机功能继续花样翻新，可以将"全球定位系统"纳入其中。一部可以指引方向的手机对那些喜爱野外旅行和必须在人烟罕至的区域工作、生活的人非常重要。

此外，由于 GPS 硬件也越来越小，可做到一颗纽扣大小，将这些迷你型 GPS 装置安置到动物身上，可实现对动物的动态跟踪，研究动物的生活规律，如鸟类迁徙等，为生物学家研究各种陆地生物的相关信息提供了一种有效的手段。

图 7-15　GPS 车辆导航仪

7.4.2　北斗卫星导航系统

北斗导航系统业已位居四大全球卫星导航系统之列,也是中国自主的航天技术与电子信息系统走向全球服务的领军者。

1. 北斗双星导航系统的组成

北斗双星导航系统与 GPS 类似,主要由空间部分、地面中心控制系统和用户终端 3 个部分组成。

(1)空间部分

北斗卫星导航系统的空间部分计划由 35 颗卫星组成,包括 5 颗静止轨道卫星、27 颗中地球轨道卫星、3 颗倾斜同步轨道卫星。其坐标分别为(80°E,0°,36000km)、(140°E,0°,36000km)、(110.5°,0°,36000km)。北斗卫星导航系统的空间星座如图 7-16 所示,地球同步卫星如图 7-17 所示,中地球轨道卫星如图 7-18 所示。

卫星电波可用于在中心站与用户之间进行双向信号中继,地面能覆盖地球表面 42% 的面积,其覆盖的经度为 100°,纬度为 N81°～S81°。

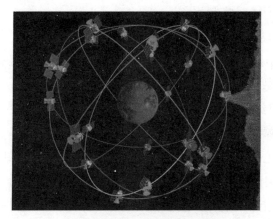

图 7-16　北斗卫星星座

图 7-17　地球同步卫星

图 7-18　中轨卫星

（2）地面中心控制系统

地面中心控制系统是北斗导航系统的中枢，主要用于对卫星定位、测轨，调整卫星运行轨道、姿态，控制卫星的工作，以形成用户定位修正数据并对用户进行精确定位。

（3）用户终端

用户终端带有定向天线的收发器，不含定位解算处理功能，用于接收中心站通过卫星转发来的信号和向中心站发射通信请求。根据应用环境和功能的不同，北斗用户机分为普通型、通信型、授时型、指挥型和多模型用户机 5 种，其中，指挥型用户机又可分为一级、二级、三级 3 个等级。

2.北斗双星导航系统的发展概况

北斗双星导航卫星系统是我国的第一个卫星导航系统，其中历尽曲折，凝聚了众多航天工作者大量的心血，开拓了我国卫星导航系统，为后续将要研制北斗导航卫星全球定位系统提供了技术和人才储备。

当前正在建设的北斗卫星系统既是机遇又是挑战，进一步改进和完善现有的卫星导航理论，不断拓展行业应用技术，才能加快具有中国特色的北斗二代系统走向实际应用的步伐。我国计划在 2020 年前，有 30 多颗卫星覆盖全球。

未来的北斗卫星导航系统（COMPASS）将由分布在 3 个轨道面上的 30 颗中等高度轨道卫星（MEO）和均匀分布在一个轨道面的 5 颗地球同步卫星构成。非静止轨道上，每个轨道面 10 颗卫星，其中 1 颗为备用，轨道倾角为 $56°$。卫星轨道半长轴约为 2.7万 km，如图 7-19 所示。

北斗二代将为中国及周边地区的军民用户提供陆、海、空导航定位服务，促进卫星定位、导航、授时服务功能的应用。未来的发展将进一步在理论及技术研发与行业及专业应用等领域不断得到拓展与加强。

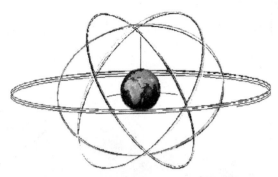

图 7-19　未来的北斗导航卫星轨道

7.5　物联网的应用

7.5.1　智能电网

1. 基于物联网的输电线路在线监测系统

(1)基于物联网的输电线路在线监测系统结构

基于物联网的输电线路在线监测系统如图 7-20 所示,包括线路状态监测和杆塔状态监测两大部分。传感器网络通过网关与移动通信网相连,将传感器获得的状态信息传送给状态监测智能管理系统。系统在实时接收各种传感信息的基础上,综合分析融合各类传感数据,经由数据库科学数据模型的分析,对输电线路现场状况和故障原因做出准确判断,高效精确地实现了智能化预测预警,还能根据输电线路现场情况对监测策略做出相应调整,智能适应各种监测需求。

线路监测系统通过导线监测仪记录导线与线夹最后接触点外一定距离处导线相对于线夹的弯曲振幅、频率等线缆状态,获取导线的运行温升、导线的风偏和摆幅等参数,状态监测智能管理软件通过事先设计的输电线路运行专家系统进行模式匹配,对导线可承载潮流作出评估,为高压输电线路动态增容和升温融冰等提供决策支持。

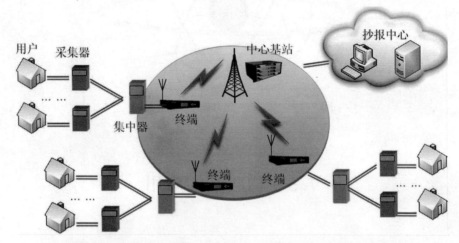

图 7-20　基于物联网的输电线路在线监测系统结构示意图

(2)杆塔状态监测系统

杆塔状态监测的布置如图 7-21 所示,220kV 的高压线路杆塔布置方法如下:

①在每个杆塔塔基外围 3m 的四周埋设 4 个地埋震动传感器。

②在每个杆塔塔身高 3m 处安装 1 个壁挂震动传感器。

③在每个杆塔塔身高 3m 处安装 1 个倾斜传感器。

④在每个杆塔塔身高 3m 处安装 1 个被动红外传感器。

⑤在每个杆塔塔身距高压导线 6m 的位置安装智能视频传感器。

⑥在每个杆塔塔身的最低横杆结构处装设 8 个防盗螺栓。

⑦在每个杆塔塔身高 5m 处安装 1 套 Sink 节点/网关模块、TD-SCDMA 和电源模块。

地埋震动传感器埋设在杆塔周围,这些震动传感器周期性监测地面震动信号,当在杆塔周围发生危险挖掘、填埋等土方作业时,多个传感器会采集到这些信号并传输到 Sink 节点,Sink 节点融合处理这些数据,判别威胁等级,如果判定是危险挖掘,会自动联动智能视频传感器,通过 TD-SCDMA 通信模块向监控主机发送告警信号。

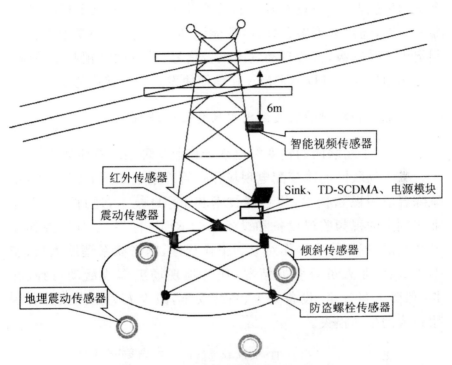

6m

智能视频传感器

红外传感器

Sink、TD-SCDMA、电源模块

震动传感器

倾斜传感器

地埋震动传感器

防盗螺栓传感器

图 7-21　传感器网络的杆塔布置示意图

当发生侵入杆塔的行为时,杆塔震动传感器、倾斜传感器和防盗螺栓传感器会监测到该行为,并将这些信息发送到 Sink 节点,Sink 节点融合处理这些数据,自动识别攀爬杆塔、破坏杆塔、危险接近等各种安全威胁,判别威胁等级,如果判定是危险侵害,会自动联动智能视频传感器,通过 TD-SCDMA 通信模块向监控主机发送告警信号。

视频智能监控系统的视场方向与线路走向一致,线路、杆塔的场景是相对固定不变的,当有大型施工机械进入高压走廊等危险区域、竹木生长接近高压线路时,智能视频传感器通过模式识别技术判定其威胁等级,如果是危险接近,将会自动通过 TD-SCDMA 通信模块向监控主机发送告警信号。

重要交跨线路的安全对整条线路的安全至关重要,如高速铁路、高速公路和过江线路等线路,在这些杆塔周围固定埋设了多个震动传感器,当附近有挖掘行为发生时,Sink 节点汇聚各传感器的数据,通过数据融合处理,智能识别危险等级,如果挖掘行为判定为危险等级,就会自动发出报警信号,并且联动视频子系统,将现场图像通过 TD-SCDMA 通信模块发送到监控中心。

2.基于物联网的输变配电现场作业管理系统

(1)基于物联网的输变配电现场作业管理系统总体架构

基于物联网的输变配电现场作业管理系统如图 7-22 所示,系统综合应用视频技术、传感器技术和 RFID 技术,通过安装在作业车辆上的视频监视设备和设备上的 RFID 标签,远程监控作业现场情况、现场核实操作对象和工作程序,紧密联系调度人员、安监人员、作业人员等多方情况,使各项现场工作或活动可控、在控,保障人身安全、设备安全、系统安全,减少人为因素或外界因素造成的生产损失。

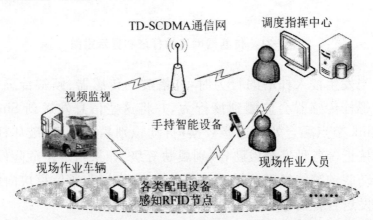

图 7-22　基于物联网的输变配电现场作业管理系统网络示意图

基于物联网的输变配电现场作业管理系统(图 7-23)主要分层包括传感器、RFID 的信息采集层,各种通信方式的通信层,以及后台信息管理系统的支撑层。

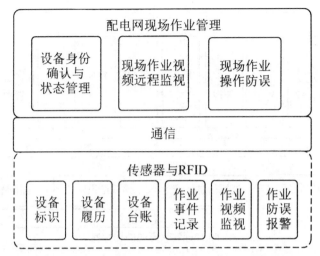

图 7-23 基于物联网的输变配电现场作业管理系统功能构成

（2）基于物联网的输变配电巡检系统

①输变配电巡检系统主要功能。基于物联网的输变配电巡检（图 7-24）是输变配电现场作业管理的核心，系统主要包括感知 RFID 标签、无源 RFID 标签、手持智能设备以及后台信息管理系统。通过在输、变、配电巡检路线上使用感知 RFID 标签、无源 RFID 标签，利用手持智能终端的 RFID 读卡功能和 GPS 定位功能，以及无线传感器网络技术、RFID 射频技术等无线通信新技术，提高输、变、配电环节巡检智能化水平。注：感知 RFID 标签也可为传感器网络节点。

②输变配电巡检系统感知节点部署方案。针对输电线路的露天环境和远距离巡查的特点，输电环节的巡检系统采用 GPS 定位技术精确记录巡检人员的行进路线，确认巡检人员到位和到位时间等信息，从而确保工作人员巡检路线和工作的正确性与规范性，有效提高对巡检工作的监督力度，避免巡检工作中出现的错检、漏检问题。

针对变电站、配电站内存在大量电气设备，且室内作业情况较多的特点，采用感知 RFID 标签和无源 RFID 标签的联合部署方案,通过 RFID 射频识别技术实现智能化变、配电巡检系统。

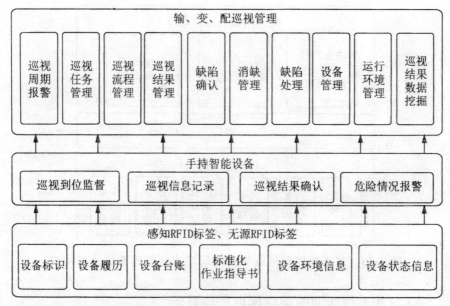

图 7-24　输变配电巡检系统组成框图

7.5.2　智能医疗

1.智能医疗监护

智能医疗监护通过先进的感知设备采集体温、血压、脉搏、心电图等多种生理指标,通过智能分析对被监护者的健康状况进行实时监控。智能医疗监护可以对异常生理指标做出及时的反应,可以实时跟踪被监护者的位置,可以分析被监护者的行为,并在出现异常状况时进行提示或报警,以便进行及时的医疗救护。

(1)移动生命体征监测

传统的生命体征监测一般只能在医院进行,由医护人员来采集患者的各种生命体征数据。这种模式不仅占用了医院的医疗设施,消耗了医务人员大量的时间和精力,造成医疗资源紧张,而且还不能对被监护者的情况进行全程监测。

　　随着科技的发展,出现了各种可移动、微型化的电子诊断仪器,如电子血压仪、电子血糖仪等,使得移动生命体征监测成为可能。这些电子仪器和设备可以植入到被监护者体内或者穿戴在被监护者身上,持续记录各种生理指标,并通过内嵌在设备中的通信模块以无线方式及时将信息传输给医务人员或者家人。移动生命体征监测可以不受时间和地点的约束,既方便了被监护者,还可以弥补医疗资源的不足,缓解医疗资源分布不平衡的问题。

　　移动生命体征监测系统一般包含以下 4 个主要部分。

　　①生命体征采集设备。生命体征采集设备包含各种传感器,用于采集被监护者的各种生命体征。

　　②数据传输网络。数据传输网络用于将采集到的各种传感器数据传输到局部数据存储中心或后台数据库。

　　③数据储存及分析模块。在数据中心,将对各种数据进行存储,并根据应用需求进行相应的分析和处理。

　　④功能服务模块。根据数据处理结果为用户提供相应的服务。

　　图 7-25 所示是美国斯坦福大学和 NASA 阿莫斯研究中心联合开发的名为 LifeGuard 的可穿戴式生理监控系统。系统的核心部件是一个可穿戴式的生命体征监测器(Crew Physiologic Observation Device,CPOD),如图 7-25 左图所示,可以通过附带的生理传感器连续地对用户的心电、呼吸率、心率、血氧饱和度、环境或身体温度、血压等进行监测。此外,CPOD 内嵌有三维加速度传感器,还可以外接 GPS 设备对用户的位置变化进行跟踪。CPOD 拥有 32MB 的存储空间,可以连续记录所有传感器的数据达 9 个小时。记录的数据可以通过内置的蓝牙模块或 RS232 接口线传输到基站进行数据处理和分析。

　　CPOD 连接的各种生理传感器可以直接穿戴或者黏附在被监护者身体上,如图 7-25 右图所示,加速度传感器和温度传感器被安装在 CPOD 内部。ECG 和呼吸信息的采集采用传统的电极方式。血氧含量通过光电血氧计来测量,血氧计可以嵌入到指套或者夹子中,用户只需将其套在手指上或者夹在耳垂上。血压信息(包括收缩压和舒张压)可以通过戴在手腕处的听诊设备来测量。系统设计者希望在将来能够将各种传感器数据融合起来,综合分析身体的各项指标,以简单的"红/黄/绿"指示灯指示用户的身体状况。

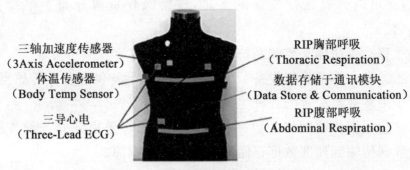

三轴加速度传感器
(3Axis Accelerometer)
体温传感器
(Body Temp Sensor)
三导心电
(Three-Lead ECG)

RIP胸部呼吸
(Thoracic Respiration)
数据存储于通讯模块
(Data Store & Communication)
RIP腹部呼吸
(Abdominal Respiration)

图 7-25　穿戴式生理参数传感系统

在 LifeGuard 系统中,各种生理传感器通过有线的方式把采集到的数据传输到 CPOD,众多的数据线给携带和使用带来了不便。近年来,基于移动电话的生命体征监测得到了快速发展。通过将生理传感器和无线通信模块组合在一起,形成一个无线传感器节点,采集的生理数据可以以无线的方式直接传送到被监护者所携带的移动电话上,移动电话对传感器数据进行分析后,可以通过电话直接为用户提供服务,也可以通过移动通信网将分析结果传送到医院数据库或发送给医务人员及患者家属。

(2)医疗设备及人员的实时定位

在医疗服务过程中,对于医务人员、患者、医疗设备的实时定位可以很大程度地改善工作流程,提高医院的服务质量和管理水平,可以方便医院对特殊病人(如精神病人、智障患者等)的监护和管理,可以对紧急情况进行及时的处理。

基于指纹方法的定位系统框架图如图 7-26 所示。系统采用客户/服务器(Client/Server,C/S)构架,客户端和服务器端通过无线方式实现网络连接和通信,客户端负责采集环境中多个 Wi-Fi 接入点的无线信号强度,并将其发送到服务器端。服务器端利用客户端汇报的信号强度值,根据预先学习的信号强度与位置之间的映射模型计算当前客户端所在的位置,并将结果返回给客户端同时在客户端程序界面中显示出来。

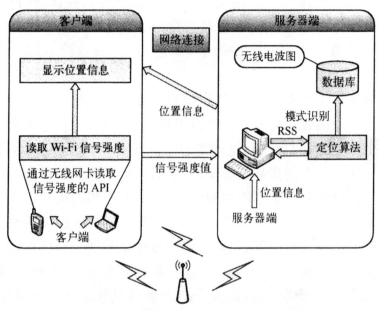

图 7-26　基于指纹方法的定位系统框架图

Ekahau 公司在室内定位领域处于领先地位,其开发的基于 Wi-Fi 的实时定位管理系统(Real Time Location System,RTLS)已经在全球的近千家医疗机构中成功实施,国内某公司采用 Ekahau 公司的 Wi-Fi 实时定位系统引擎及 Wi-Fi 电子标签,开发了面向医院的实时定位系统,可以实现对医疗设备和人员的快速定位。对医疗设备定位时,需要为每个设备安装一个 Wi-Fi 电子标签,标签具有唯一的 ID 号码,并可与医院管理系统中的资产号进行关联。系统可以实时、全方位地定位每个医疗设备,并对这些设备的位置和状态等进行实时监控和分析。对病人进行定位时,需要为每个病人发放一个 Wi-Fi 电子标签,病人在网络覆盖范围内遇到紧急情况时,只要按下标签上的按钮便可实现呼叫求助,系统可以立刻定位病人的位置,通过附近的医务人员进行快速救助。

(3)行为识别及跌倒检测

行为识别系统可用于计量用户走路或者跑步的距离,进而计算运动所消耗的能量,对用户的日常饮食提供建议,保持能量平衡和身体健康。跌倒检测系统能够检测患者(特别是高血压患者等特殊人群)的意外摔倒并迅速报警,为救治争取宝贵的时间。

对于行为识别,Nokia 开发的计步器程序 StepCounter 可以利用手机中内置的加速度传感器识别行走动作,统计携带者每天走过的总步数和总距离,进而推算每天消耗的热量,为运动和健身提供比较科学的指导。图 7-27 分别显示了携带者当天行走的步数、持续时间、行走总距离和消耗的能量、一周内的总运动量及平均运动量以及一周内每天行走的步数。除了将统计结果显示给用户为其提供指导外,还可以将统计结果发送到医院的健康信息数据库中。医务人员可以结合患者的基本情况、疾病史、近期治疗和检查结果等信息,综合分析患者的日常生活是否科学,并为其提供更加详细的建议或锻炼计划。

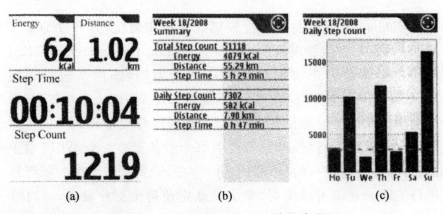

图 7-27　Nokia StepCounter 的用户界面

(a)当天行走步数;(b)当天行走持续时间;(c)当天行走总距离和消耗的能量

对于跌倒检测,美国佛罗里达州立大学的研究人员研制出一款名为 iFall 的跌倒检测系统,并在检测到用户跌倒时通过手机向医务人员或者患者家人发送报警消息。iFall 以 Android 智能手机为平台,利用内置在手机中的三维加速度传感器,通过基于阈值的跌倒检测算法来判断用户是否跌倒,如图 7-28 所示。

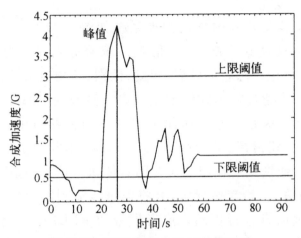

图 7-28 基于阈值的跌倒检测算法

瑞士电子与微技术中心开发了一种非常小巧的手表型的跌倒检测仪,通过内嵌的倾角计、陀螺仪和加速度传感器来识别各种形式的跌倒。当检测到跌倒时,检测仪会自动向预设的终端发送一个报警消息。使用者可以连续长时间携带该设备,可以通过手工方式进行报警,也可以在检测到跌倒后手工取消报警。

2.智能医疗服务

(1)移动护理

护理工作是医院服务工作的重要组成部分。护理工作的质量直接关系到医疗质量和医疗安全。提高临床护理工作的水平有利于改进护理服务,提高护理质量,提升患者的满意度,构建和谐的医患关系。传统的护理工作流程一般由护士来书写护理文件,不能记录护士执行医嘱的详细情况,无法对护理行为进行规范、对护理质量进行监控,在发生医患纠纷或医疗事故时不能有效进行责任认定,无法在护理操作过程中给护士提供指导,不能让患者更清楚地了解护理的项目和计费情况,也不利于保护病人隐私。

移动护理旨在通过识别技术、移动通信技术、网络技术等,对病区患者的医嘱执行过程进行实时核查和确认,以提高医疗质量,减少医疗差错。

国内某公司开发的移动护理系统如图 7-29 所示,系统包括 RFID 标签、便携式终端、医疗信息系统服务器等。患者佩戴的 RFID 标签可记录患者的姓名、年龄、性别、药物过敏等信息,护士在护理过程中通过便携式终端读取患者佩戴的 RFID 信息,并通过无线网络从医疗信息系统服务器中查询患者的相关信息和医嘱,如患者生理指标、护理情况、服药情况、体温测量次数等。护士可以通过便携式终端记录医嘱的具体执行信息,包括患者生命体征、用药情况、治疗情况等,并将信息传输到医疗信息系统,对患者的护理信息进行更新。患者携带的 RFID 标签能够确保标签对象的唯一性及正确性。通过 RFID 标签还可以定位病人的位置,方便对病人的服务和管理。

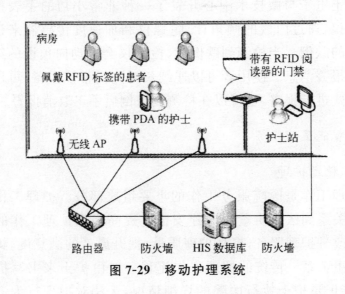

图 7-29 移动护理系统

移动护理可以协助和指导护士完成医嘱,提高护理质量、节省医务人员时间、提高医嘱执行能力、控制医疗成本,使医院护理工作更准确、高效、便捷。

(2)移动门诊输液

移动门诊输液系统通过无线通信技术、网络技术、移动计算技术和数字识别技术,实现了门诊输液管理的流程化和智能化,可以提高医院的管理水平和医务人员的工作效率,改善了病人身份及药物的核对流程,方便护士在输液服务过程中有效应答病人的呼叫,改善门诊输液室的环境,并为医务人员的工作考核提供依据。

图 7-30 是国内某公司开发的移动门诊输液管理系统的示意图。系统包括呼叫单元、无线接收器、通信网关、护士工作站、扫描枪和移动数据终端等。护士利用扫描枪对病人处方上的条码进行扫描,根据条码到医院信息系统中去提取病人的基本信息、医嘱和药物信息等,打印病人佩戴的条码和输液袋上的条码。输液时,护士利用移动终端对病人条码和输液袋条码进行扫描和比

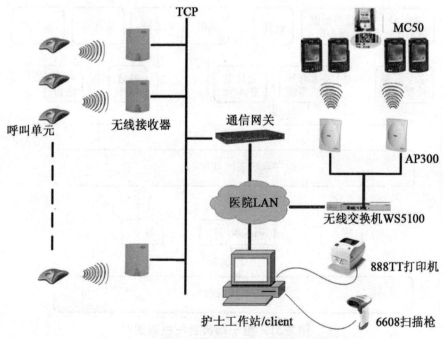

图 7-30　移动门诊输液管理系统的示意图

对,并将信息传输到医院信息系统进行核对,以确认病人信息和剂量执行情况。该系统使用双联标签来保证病人身份与药物匹配,减少医疗差错。同时分配病人座位号,在输液过程中实现全程核对,保证用药安全。无线呼叫系统可以使病人需求及时得到应答。

(3)电子病历

电子病历用于记录医疗过程中生成的文字、符号、图表、图形、数据、影像等多种信息,并可实现信息的存储、管理、传输和重现,不仅可以记录个人的门诊、住院等医疗信息,还可以记录个人的健康信息,如免疫接种、健康查体、健康状态等。

图 7-31 是国内某公司开发的电子病历系统框架图,系统可以动态实时地提供各类患者信息、临床数据和各种统计分析结果,帮助医务人员快速完成病历的书写和数据输入,获取所需诊疗数据;能够显著地提高医务人员的工作效率,方便患者就诊和治疗,提升医疗服务质量,降低医疗成本。

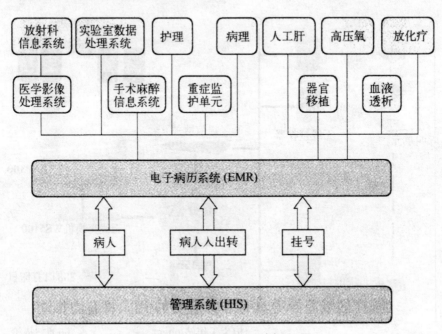

图 7-31　电子病历系统框架图

（4）智能用药提醒

智能用药提醒通过记录药物的服用时间、用法等信息，提醒并检测患者是否按时用药。亚洲大学的团队研发了一款基于 RFID 的智慧药柜，用于提醒患者按时、准确服药。智慧药柜的系统流程图如图 7-32 所示。使用者从医院拿回药品后，为每个药盒或药包配置一个专属的 RFID 标签，标签中记录了药的用法、用量和时间。把药放入智慧药柜时，药柜就会记下这些信息。当需要服药时，药柜就会发出语音通知，同时屏幕上还会显示出药的名称及用量等。使用者的手腕上戴有 RFID 身份识别标签。如果药柜发现用户的资料与所取的药品的资料不符合，会马上警示用户拿错了药。如果使用者在服药提醒后超过 30min 没有吃药，则系统会自动发送消息通知医护人员或者家属。

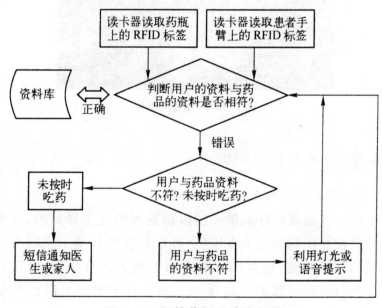

图 7-32　智慧药柜系统流程图

美国一家制药企业在 2010 年研制成功一种"智慧"药片（图 7-33），能有效帮助患者养成按时服药的习惯，同时还可以让医生及时掌握患者身体状况。每片"智慧"药片中都安装了芯片，芯片随药物进入胃后，在胃液作用下会发出低功率的信号，通过植入式或者穿戴式的信号接收器接收信号并转发到手机上,告诉服药人下次服药的时间。如果忘记服药,则接收器能够向手机发送短信提醒。进入胃中的芯片在药物溶解不久后就会自动解体。除了提醒按时服药,智慧药片还会将病人是否按时服药以及获取到的生命体征数据(心率、体温等)发送给医生,便于医生了解病人服药引起哪些生理变化,并根据这些变化考虑是否需要调整药物剂量。

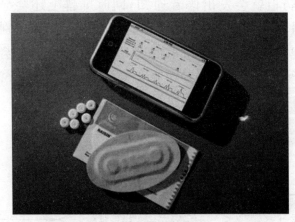

图 7-33 "智慧"药片

3. 远程医疗监护

(1)家庭社区远程医疗监护系统

家庭社区远程医疗监护系统以前期预防为主要目的,对患有心血管等慢性疾病的病人在家庭、社区医院等环境中进行身体健康参数的实时监测,远程医生随时可对病人进行指导,发现异常时进行及时的医疗监护。这样一方面节省了大型专科医院稀缺的医疗资源,减少庞大的医疗支出费用,同时又在保证个人的生命安全的基础上,为病人就医提供了便利。

一个适用于家庭社区环境的典型远程医疗监护物联网系统如图 7-34 所示。

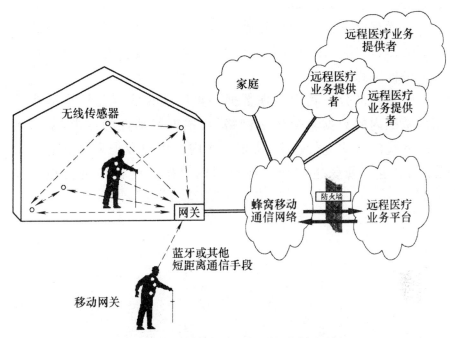

图 7-34　家庭社区远程医疗监护系统

（2）医院临床无线医疗监护系统

医院临床无线监护系统在医院范围内利用各种传感器对病人的各项生理指标进行监护、监测。系统可以采用先进的传感器技术和无线通信技术，替代固定监护设备的复杂电缆连接，摆脱传统设备体积大、功耗大、不便于携带等缺陷，使得患者能够在不被限制移动的情况下接受监护，满足当今实时、连续、长时间检测病人生命参数的医疗监护需求。

系统需要同时支持床旁重患监护和移动病患监护。系统可分为以下几个部分。

①生理数据采集终端。生理数据采集终端具有采集、存储、显示、传输、预处理、报警等功能，根据病人病情的需要，可分为固定型和移动型终端两种。

②病房监护终端。病房监护终端作为病房内数据采集的中心控制和接入节点，收集病人的生理数据，支持本地监测，同时将

数据发送至远程服务器端。

③远程服务器端。远程服务器端为设于医院监护中心的专业服务器,可提供详细的疾病诊断及分析,并提供专业医疗指导,反馈最佳医疗措施。

④网络部分。其中生理数据采集终端和病房监护终端构成病房范围内的数据采集传输网络,可根据移动性的需求,采用无线或有线的方式进行连接,实现病房内多用户数据采集和病人定位,同时也方便医生和护士在病房内对病人的情况进行检查和监测。

参考文献

[1]黎连业,王安,李龙.无线网络与应用技术[M].北京:清华大学出版社,2013.

[2](美)拉克利.无线网络技术原理与应用[M].吴怡等译.北京:电子工业出版社,2012.

[3]汪涛.无线网络技术导论[M].2版.北京:清华大学出版社,2012.

[4]王建平,余根坚,李晓颖等.无线网络技术[M].北京:清华大学出版社,2013.

[5]姚琳,王雷.无线网络安全技术[M].北京:清华大学出版社,2013.

[6]刘威.无线网络技术[M].北京:电子工业出版社,2012.

[7]林基明.现代无线通信原理[M].北京:科学出版社,2015.

[8]石明卫,莎柯雪.无线通信原理与应用[M].北京:人民邮电出版社,2014.

[9]张炜.无线通信基础[M].北京:科学出版社,2014.

[10]杨槐.无线通信技术[M].重庆:重庆大学出版社,2015.

[11]许晓丽,赵明涛.无线通信原理[M].北京:北京大学出版社,2014.

[12]陈灿峰.低功耗蓝牙技术原理与应用[M].北京:北京航空航天大学出版社,2013.

[13]冉晓旻.无线网络原理与应用[M].北京:清华大学出版社,2008.

[14]党建武,李翠然,谢健骊.认知无线电技术与应用[M].

北京:清华大学出版社,2012.

[15]方旭明等.下一代无线因特网技术:无线 Mesh 网络[M].北京:人民邮电出版社,2006.

[16]许毅,陈立家,甘浪雄.无线传感器网络技术原理及应用[M].北京:清华大学出版社,2015.

[17]郑军,张宝贤.无线传感器网络技术[M].北京:机械工业出版社,2012.

[18]王汝传,孙力娟.无线传感器网络技术导论[M].北京:清华大学出版社,2012.

[19]赵仕俊,唐懿芳.无线传感器网络[M].北京:科学出版社,2013.

[20]张丽.无线传感器网络的体系结构及应用[J].电子设计工程,2013,(18).

[21]马祖长,孙怡宁.无线传感器网络综述[J].通信学报,2004,(3).

[22]徐雪慧.物联网射频识别技术与应用[M].北京:电子工业出版社,2015.

[23]黄玉兰.物联网射频识别(RFID)核心技术详解[M].2版.北京:人民邮电出版社,2012.

[24]刘志华.射频和无线技术入门[M].2版.北京:清华大学出版社,2005.

[25]鄂旭.物联网关键技术及应用[M].北京:清华大学出版社,2013.

[26]徐勇军.物联网关键技术[M].北京:电子工业出版社,2015.

[27]王平.物联网概论[M].北京:北京大学出版社,2014.

[28]刘云浩.物联网导论[M].2版.北京:科学出版社,2013.

[29]刘伟荣,何云.物联网与无线传感器网络[M].北京:电子工业出版社,2013.

[30]P. Balamuralidhar, Ramjee Prasad. A Context Driven

Architecture for Cognitive Radio Nodes[J]. Wireless Personal Communications,2008,(3).

[31]Wensheng Zhang,Guohong Cao,Tom La Porta. Dynamic proxy tree-based data dissemination schemes for wireless sensor networks[J]. Wireless Networks,2006,(5).

[32]Hongqiang Zhai,Xiang Chen,Yuguang Fang. A call admission and rate control scheme for multimedia support over IEEE 802. 11 wireless LANs[J]. Wireless Networks,2006,(4).

[33]Zhenfu Cao,Haojin Zhu,Rongxing Lu. Provably secure robust threshold partial blind signature[J]. Science in China Series F：Information Sciences,2006,(5).

[34]David Sánchez,Montserrat Batet,David Isern,Aida Valls. Ontology-based semantic similarity：A new feature-based approach[J]. Expert Systems With Applications,2012,(9).

[35]Eran Toch,Iris Reinhartz-Berger,Dov Dori. Humans, semantic services and similarity：A user study of semantic Web services matching and composition[J]. Web Semantics：Science, Services and Agents on the World Wide Web,2010,(1).

[36]Ming Che Lee. A novel sentence similarity measure for semantic-based expert systems[J]. Expert Systems With Applications,2010,(5).